洛伦茨科普经典系列

灰雁的四季

灰雁的四季

[奥] 康拉德·洛伦茨 著

姜丽 译

中信出版集团 · 北京

目　录

在钻出蛋壳的第一天里，雏雁渐渐变得不安分起来。他们越来越频繁地从母亲的翅膀下面钻出来，做个小小的远足，不过只是离还趴在巢里的母亲不远的地方。接着，一个重要的时刻到来了。母亲站起身，一边发出情感音，一边非常缓慢地离开巢。雏雁立刻紧紧地跟在她后面。

孩子和母亲之间初次交流的结果是一个至关重要的过程，它既不会重复，也无法取消，我们称之为烙印。新生雏雁的本能行为永远和喂养者连在了一起。为了成功地扮演母亲这个角色，喂养者必须准备在几周时间内把自己的时间全都奉献给她的孩子们。

当我们在依然昏暗朦胧的山谷中，透过雾层的一个缺口，看着灰雁高高地飞行，身上披着朝阳斜斜的光束，当灰雁冲破雾气，在雾层下面出现，落在沙岸上，扇动的翅膀把岸上厚厚的积雪搅得四散飞起，那情景多么扣人心弦啊！

关于此书

康拉德·洛伦茨从青年时代起就对灰雁特别感兴趣。为观察灰雁的生活及行为方式，他和两位同事，西比勒·卡拉斯和克劳斯·卡拉斯夫妇一起在位于上奥地利格吕瑙的阿尔姆山谷中直接和灰雁生活在一起。卡拉斯夫妇用144幅彩色照片记载了灰雁在自然环境中的家庭与社会生活。康拉德·洛伦茨则用生动的语言为欣赏这些照片的人讲述了照片背后的故事。

前　言

这不是一本学术性的书。之所以写它，是因为我喜欢观察动物的生活。这一解释虽然完全正确，但并不仅仅适用于这一本书，因为我写的每一部科学作品都出于这份喜爱。只有直接的、没有任何假设的观察，才能向科学家展示全新的意外的发现。

实验者在实验室里向大自然提出的问题，总是以他想证实或反驳的一个推测为前提，而这一推测总是源自此前的一个观察。换句话说，源自人类的感官和神经系统的非理性认知结果，因为它们是靠感知的数据形成知觉的。如果一位科学家自认为了解人类能向大自然提出的所有问题，那他就是把人类的智慧估计得太高了。如果一位研究者整天泡在实验室里，与生机勃勃、丰富多彩的大自然毫无接触，那么他在工作中所设想出的问题就很容易偏离事物真正的本质东西，即便他搞出一些名堂，也是微不足道的。倘若是这样，尽管他们有敏锐的洞察力，在方法上也极好地考虑到了所有细节，他们的实验也绝不会找到解释问题的关键。不过，完全沉浸在此类实验中的研究者是无法认识到这一点的。

当我在阿尔姆河的石子滩上，坐在我的灰雁中间，或者当我在阿尔腾贝格（Altenberg）的家里，坐在我的大热带鱼缸前时，不出几个小时，我就会看到某些让我完全感到意外的东西，那是我无法解释的。不仅如此，动物还向我提出了新的问题，这些问题不仅有待进一步观察，而且常常需要进一步进行实验研究。我们所做的实验不比其他学派做得少，但是我们只研究我们在对动物的观察中，而且尽可能是在它们的自然环境中发现的问题。

单纯简单的观察是动物行为学研究的基础。正如对身体形状的描述是比较形态学和解剖学的基础一样，对行为方式的描述性解释也是比较动物生态学或者动物行为学的基础。任何描述性研究，不管其对象是有机体的立体形状，还是生物的运动形态，我们的感觉都起着重要作用，而这一感觉过程则是纯粹的认知过程，是我们全部认识的基础。但是因为这一过程存在于我们的无意识层面，也是在自我观察无法达及的层面里进行，思维过程太过理性的研究者都不相信它，而且他们也不愿意相信，就连他们自己的假设也是由它决定的。

今天对所有描述性科学的蔑视如此广泛流行，是因为有些人近于宗教信仰一样地否认知觉是科学认识的源泉。或许某些科学家之所以认为对知觉的研究无论如何都“毫无价值”，是因为他们觉得知觉很可疑，因为与知觉密不可分的是对美的感受。有人认为，只有灰暗无聊的东西才是“科学的”，这完全是个错误的认识，遗憾的是，它却很流行。在那些真正获得巨大成就的生物学家中，只有少数几个人不是为其研究对象的美所吸引而为之倾注一生心血的。而那些动物行为学家，我敢断言，绝对没有一人不是这样的！特别的观察天赋是和知觉天赋完全一致的，因此也完全无法将其与对生物的美的强烈敏感性分割开来。

吸引我们的是所有生物所体现出来的和谐。如果我们否认这一点，就完全是不科学的，而且简直是在说谎。如果我们极其客观地描述一种动物或者植物的图片都没有再现生物的美，那么它们就在关键问题上偏离了真理。当然，如果我们对一块骨头、一只鱼鳍或者一只鸟的翅膀形状进行描述或者描摹，我们的目的也并不在于表达该形体的美；我们不可因为照顾纯艺术家的审美感受，就对真实的情形有丝毫的偏离。另一方面，如果我们忽略表现真实中的美，我们的描述或描摹也是不完全符合真实情况的。

有机体的美在最客观的描绘中也显得令人信服，这一描绘不是由与情感不可分割地交织在一起的人的知觉完成，而是由一个的确没有感情的技术绘画来实现，光是它的名字似乎就为客观性做出了保证，那就是照相机的物镜。在另外两种了不起的光学仪器，即显微镜和天文望远镜上，载有图像的光束经过所谓的目镜（之所以如此命名，是因为它离眼睛最近）从另一端出去。根据类比法，我们几乎可以把目镜称为“主观镜”，因为从中出来的光束必须先通过人眼形成图像，使这幅图像在人体内部，在视网膜上被勾画出来。在照相机里，与物镜相对的是同样客观记录的感光层，而感光层上形成的图像则完全符合客观真实的要求——即便人眼看不到它，它也该是同样真实的。

照相机成了无数追求客观的科学研究不可或缺的工具，这一点也不奇怪。但对比较生态学来说，它比其他任何工具都更加不可或缺。其他描述性科学研究在想记录、证明他们的知识时，还可以不用照片：比较形态学可以测量、记录尺寸和角度；比较解剖学则可以利用保存下来的标本作为客观证明；而比较生态学则不仅要描述、记录，尤其还要让人辨认出运动的过程。因此要想做客观记录，只能使用相机和摄影机两种工具——如果我们暂且不提录音带的话，现在它也越来越重要了。

比较生态学研究者必须会拍照、摄像，其理由和比较解剖学研究者要会保存标本和解剖技术，组织发生学研究者要会染色、用显微切片机进行切割的技术一样。我的所有学生都远比我擅长拍照，即便并不是每一个都能像卡拉斯夫妻那么出色，而且没有一个人能像西比勒·卡拉斯（Sybille Kalas）那样不知疲倦地把一架沉重的相机挂在脖子上。无论她在哪里，相机都和她形影不离。从纯理论上来讲，要记录行为方式应该优先选用摄像机，但从实际情况来讲，动物行为学者在日常工作中用照相机也能完成同样的任务，前提是拍照者要准确知道，为进行更准确地分析应该选取哪些运动阶段，而且相机要能在足够短的时间内完成拍照。摄像工作不能这样随机地、毫无准备地进行，尤其是不能用最小的16mm摄像机以随时拍照的状态追随动物，而用照相机就可以。

为了纯科学研究的目的，西比勒·卡拉斯拍了无数张灰雁照片。在拍照时，她所想的并不是主题的美、艺术的视角和画家的光线问题，而只是想准确记录并再现灰雁在那一瞬间的行为。你看，这些照片展示了美。大自然是美的，它不需要添加任何艺术作料就是美的。

本书中所采用的照片没有一幅是专为此书而拍摄的。但在阿尔姆山谷漫长的冬夜里，当我们考虑如何对这些照片进行科学利用时，我们一次次为它们的美而感到喜悦，在放幻灯片时，我们再次回味了拍照时的美丽时光。根据照片的时间顺序，我们自然而然地对我们和灰雁一起度过的一年四季进行了简要记述，对每一张照片我们都有自己的评论和回忆。即便主旨是进行科学讨论，我们还是忍不住会想，就是非科学工作者也会觉得这些照片是美丽而有趣啊！于是我就计划写这本书了，最终使之成为现实的是斯多克（Stock）出版社的一个建议。

前面已经说过，这本书不是学术性的，在某种程度上它是我们科研工作的一个副产品。这一事实充分体现大自然中不加粉饰的客观存在是多么美好。

最后还有一点：当我开始写作的时候，这本书就已几近完成，这些照片已在所有细节上为我作好了安排。在19世纪与20世纪更迭之时，一位几乎已经被遗忘的德国诗人弗里茨·奥斯蒂尼为画家汉斯·珀拉创作的一本非常迷人的童话故事书配上了文字："这里作画的是诗人，写童话的是画家。"这句话用于本书也正是恰如其分。

康拉德·洛伦茨

第一章　约　定

我站在阿尔姆山谷中的一个地方，这是我们和灰雁的一个约会地点。此时正是清晨，山顶已经有些阳光了，山谷还处在沉沉的晨曦中，就在我站立的谷地上方还出现了一片阴云。每天早晨，他们都从高空中飞下，落在楼前的草地上，他们的到来对我来说都是同样的庆典，同样的奇迹。

从阿尔姆湖地势较高的西南岸，可以看到湖面的大部分，看到灰雁在哪里停留。如果我们没坐船，就把他们呼唤到岸边。

在晴朗的夏日傍晚，被夕阳染成玫瑰色的群山俯视着欧伯甘斯尔巴赫的灰雁池塘。

2

▶ 我开始对灰雁的社会生活（社会学）进行研究时，还是马克思–普朗克行为生理研究所（位于奥地利巴伐利亚州施塔恩贝格的埃斯河畔）的所长。当我退休时，这一研究仍在进行当中。为了促进科学发展，马普协会（Max-Planck-Gesellschaft）为我在奥地利的故乡建立了一所科研站，最初只是想让我继续进行这一工作。这里我对他们的慷慨之举表示感谢！同样我也对坎伯兰基金会（Cumberland-Stiftung）深表谢意，尤其对恩斯特·奥古斯特王子（Ernst August Von Cumberland）和基金会主席、森林技术工程师卡尔·许特迈耶（Karl Huethmayer）先生。我们的研究站隶属于奥地利科学院比较动物生态学研究所，官方称号为：第四部，动物社会学。

在坎伯兰基金会的协助下，我确定了灰雁研究站的地址和其特别的建造形式：阿尔姆山谷在上奥地利，是个几乎没有被技术文明的咒语所触及的地方。它始于图特山脉（Tote Gebirge）的阿尔姆湖（图1），水流湍急的阿尔姆河就发源于此。顺流而下8公里，在河谷变宽的地方，森林技术工程师许特迈耶在较大的岛屿周围建起了一些池塘（图2）。在这些岛上，灰雁可以不受干扰地孵卵。这一设施与周围童话般美丽的风景和谐地融为一体，只供我们的研究使用。池塘边上有3座小木屋，冬天可以用来取暖。夏天，照顾灰雁的同事可

奥英格庄园建于1776年，以前曾有一个磨房，我们的研究站就设在这里。这座庄园位于阿尔姆河畔，左右各有一道山泉，灰雁非常喜欢停留在河边的石子滩上。

3

以住在里面。我们为这个人与雁的共同居住区创造了一个名字：欧伯甘斯尔巴赫（Oberganslbach）。

再顺流而下几公里就是我们的研究站大楼。那是一座迷人的老磨房，叫奥英格庄园（Auingerhof），这是坎伯兰基金会为我们提供的，只象征性地收些租金。此外，一个研究所必需的一切设施，包括暗室、办公室、动物养殖房等等，也是由他们提供的。在这座房子里，供实验用的动物可以自由进出（图3、4）。

现在，我们的研究工作就可以在一片辽阔的、尚处于原始状态的森林和水域中进行了，这使我们能够在自然环境中对较大的哺乳动物进行研究。一种动物的组织化程度越高，

在研究站大楼里，长大的小灰雁在生命最初的几周内就在养父母的房间里过夜，因此，当他们已经能飞的时候，还很高兴回到这里。这两只灰雁就在大门口清洁自己的羽毛，稍事休息。由此可见，他们非常熟悉这里，也非常放松。

4

野猪也总是用点儿好吃的就可以引诱过来的，尤其当拿着东西的是它的人类伙伴的时候。

5

这两只小野猪极其温顺，它们就像狗一样跟着它们的喂养者米歇尔·马蒂斯一起散步。在别人面前，它们也不会害羞。不过，它们肯定能把陌生人和自己的喂养者区分开。

6

它们的社会生活对非自然居所，尤其是通过囚禁造成的干扰就越敏感。人为操作可以消除，至少是部分排除这样的干扰。对哺乳动物，我们也采取这样一种方法，即给那些从小由人养大的驯顺动物以充分的自由，在它们的自由生活中对其进行观察。我们选择了两种哺乳动物：第一是野猪，第二是海狸。由于它们具有高度发达的社会生活和其他有趣的本能，似乎是动物社会学非常合适的研究对象。

如果这些哺乳动物建立起一个驯顺的自由生活群体，人们就可以在自然环境中对它们的社会学状况进行研究了。对它们的研究和灰雁一样，也要从亲手喂养幼仔开始，因为那样它们就会把自己童稚的情感需求转移到喂养者身上。我们的野猪就是这样对待它们的喂养者米歇尔·马蒂斯（Michael Martys）的。它们就像忠实的狗一样跟着他在森林中奔跑（图5、6）。在坎伯兰基金会的自然野生动物保护区里放养着大量野猪，我们随时可以对小野猪进行研究。野猪也像灰雁或狗一样，要和它们的同类进行大规模迁徙，这与跟跑在它们前面的养父母有着极为密切的关系。

海狸却有些不同。有时，当故乡的环境变差的时候，譬如它们吃的植物被过量采割，它们就会离开那里。因此我们不能肯定地预言，驯服的动物是否会喜欢它们成长的环境，即便我们为了使之变得驯顺、与人亲近而费尽心机。此外，小海狸也不像小野猪那样容易得到，而且它们也不像野猪那样容易喂养。克劳斯·卡拉斯（Klaus Kalas）做了很长时间实验才找到喂养海狸幼仔所需要的正确奶品配方。

我们喂养海狸有两个目的：一是为科学研究，二是为保护自然。研究海狸的社会共同生活以及它们著称于世的建筑活动会给我们带来有趣的发现。目前，人们对最大的知名海狸家族已经有所了解，它们建起的堤坝可达100多米长，堤坝内外的水位差距几乎有两米之多。这一工程是靠一个家庭或者几代传人共同完成的。如果的确如此的话，动物们真的要用多年时间来培养这种有口皆碑的海狸精神了。从动物生态学家的角度来看，海狸造堤坝之所以有趣，是因为这一举措完全是海狸世代相承的本能行为和反应。

从自然保护角度来说，我们的课题也是值得关注的，因为海狸在中欧已经几近灭绝，对它们的重新引进或许也是个极大的功绩（图7、8）。目前我们只放养了很少几只非亲手

我们知道，小海狸常常在吮吸母亲的乳头时睡着。我们喂养的海狸弗里茨在睡觉时也少不了这个乳头（橡皮奶嘴）。

7

在艺术堡前，3只温顺的、由人养大的海狸——劳利、牟克和海克托吃着它们的代母亲克劳斯·卡拉斯准备的胡萝卜块。

8

尽管喂养小野兔不那么容易，我们还是成功地抚养了几只。我们用婴儿奶剂和甘菊茶来喂它们。图上是我们在欧伯甘斯尔巴赫的灰雁小木屋里养大的5只野兔中的一只。这些野兔在独立之后仍在这里生活。它们很喜欢并拢后腿，从在草地上睡觉的灰雁身上跳过去。

9

养大的海狸，暂时还不敢冒险放养自己养大的，我们想先建立一个较大的驯顺的群体。海狸群的驯顺之所以对我们的研究很重要，还有一个原因，那就是胆小的海狸只在夜幕降临时才从洞里出来。它们这种夜间活动的习性显然是周围危险的环境造成的，被我们驯顺的海狸中午1点就会从洞里出来。

有时我们还喂养其他计划外的动物，特别是当有人把小孤儿给我们送来的时候。比如说，我们多次喂养过小野兔。我们把它们养大，然后小心翼翼地逐步给它们自由。我们养过的几只野兔表现出惊人的聪明好动，它们在我们的基地生活了很长时间，逐渐不再依赖我们的喂养。野兔和它们真正的母亲在一起的时间要短得多，像图9上这样大的野兔通常早就不吃奶了。

我们研究站最大的研究课题是灰雁（图10），这也是长时间以来我最感兴趣的。

灰雁一般分布在欧洲和亚洲北部，离我们最近的野灰雁群是纽西德勒湖（Neusiedlersee）的灰雁，在维也纳东面。灰雁通常都是候鸟，只有苏格兰有一些不迁徙的灰雁群。灰雁似乎并非天生就知道秋天南飞的路，而是一代代传承下来的。被人从小养大的灰雁，由于养父母不能告诉他们秋天南

当我们坐着小船，在阿尔姆湖上寻找雄雁格莱夫的妻子苏西的巢时，格莱夫一直跟着我们。在苏西的巢附近，他特意表现出毫不在意的样子，以免暴露正在孵卵的妻子。

10

飞的路，他们就会忠实地留在喂养者的身边，不离开自己成长的地方。

常常有人问我，为什么偏偏选择灰雁作如此漫长的研究。其实，这里起决定作用的原因有很多，而最具决定意义的是：灰雁的家庭生活在很多关键问题上都和人类有着相似的地方。应该强调的一点是，我们绝没有把动物人格化，我们完全客观地而且不无惊奇地发现，灰雁的婚配过程几乎和人类一样。某一天，年轻的雄鸟会突然堕入爱河，努力地追求一只年轻的雌鸟，有时还会遭到“恶爸爸”的强烈阻挠。追求的过程在许多细节上都和一名年轻男子的求爱方式极其相似。年轻的雄雁极力炫耀自己的勇气和力量，还通过向其他灰雁，包括那些他平时都害怕的雄雁发动进攻，把他们驱赶开来给自己壮大声势。不过应该注意的是，这种事只是在“被追求者”看着他的时候才会发生。只要她在场，他就会通过展示自己的体力来卖弄自己。一段很短的路，每只没有恋爱的灰雁都会理智地采用步行，但求爱者要飞起来，而且起飞速度比“正常”灰雁快，然后在到达女士身边时来个急停。从这方面来看，他的行为完全和一个驾着摩托车或坐在跑车里的年轻男子一样。如果雌雁接受他的追求，双方就会举行一个结合仪式，即所谓的胜利之鸣。不出意外，他们将会终生厮守。

我们将会看到，意外也偶有发生，和我们人类一样。

将夫妻连在一起的强大纽带是他们对孩子共同的爱，孩子也会忠诚地追随着父母。如果一对灰雁夫妻在孵卵期失去了自己的蛋和幼鸟，只要去年的小雁还没有“订婚”，他们就会定时回到父母身边。那些失去自己伴侣的灰雁同样也会这样做，他们会和父母或者没有结婚的兄弟姐妹生活在一起。一句话，他们的家庭和社会生活和人类有若干相似之处，令我们感到惊诧，也给我们带来了很多的谜题。

一个特殊的情况使灰雁成为极为合适的动物社会学研究对象：从孵蛋时起就接受照料的灰雁，会把他们在自然关系中对父母的忠实与亲近转移到喂养者身上。这听起来有些多愁善感，不过的确是客观事实。我们的灰雁大部分是因为与喂养者产生了持久而浓厚的友谊，而留在了我们想让他们生活的地方。

我们想在阿尔姆山谷建立新的灰雁居住区。这里有一点非常适合秋天不向南迁徙的雁群：阿尔姆湖的源头是自然流出的泉水。它来自大山深处，在冬天也很温暖，这个湖是不结冰的。坎伯兰自然野生动物保护区的池塘和我们在欧伯甘斯尔巴赫的池塘的源头都是渗透水，它们由阿尔姆河穿过较深的鹅卵石层渗透上来，因此这些水域在冬天从不冻结。

不大有利的是，阿尔姆山谷是个狭窄的山谷，只在欧伯甘斯尔巴赫附近、阿尔姆湖周围和奥英格庄园周围有灰雁需要的开阔草地。今天，灰雁已经学会优先选择这三个地方作他们的居所，并合理地在三者之间换来换去。

把早已习惯了生活在上巴伐利亚马普研究所的埃斯湖畔的灰雁群转移到奥地利并不是件容易的事，这一过程充满了趣味性。这里我们正是利用了前面提到的灰雁对养父母的忠诚性才把他们从巴伐利亚的西维森（Seewiesen）转移到阿尔姆山谷的格吕瑙（Gruenauer）的。1973年春天，我们找到了4位愿意为此献身的灰雁养母，3位姑娘和1名小伙子。他们准备各自带领一群幼小的灰雁完成转移工作。按照我们的计划，他们4月份就得上路，那时小灰雁刚出壳。在他们羽翼丰满之前，我们就得把他们带到阿尔姆山谷，因为对每只鸟来说，开始学习飞行并在飞行中熟悉了周边环境的地方就是他真正的故乡。于是我们转移首批灰雁的时间就确定了：一定要在6月底前完成。当时池塘边的小木屋还没有准备好，我们的灰雁养母们就英雄般地睡在了野外喂食屋，其侧面墙壁都是用板条做成的栅栏，遮风避雨的能力十分有限。在阿尔姆山谷，即便在6月，天气依然变幻莫测，风雨交加。

在转移这4群今年刚养大的雏雁的同时，我们还移来了去年由同一养父母养大的雏雁。对他们的忠诚我们完全可以放心。此外，我们还带了几对灰雁，他们每一家都还有不会飞的雏雁。我们估计，为了自己的孩子，他们也不会试图逃跑的。我们先把这些鸟放进属于坎伯兰基金会的一个鸟舍，就在离我们保护区里的野外喂食处不远的一个池塘边，沿河而下只有1公里。几天后，当我们把他们放飞时，困难出现了。虽然去年我们亲手养大的雏雁立刻就找到了他们的喂养者并留在他们身边，但带着雏雁的几对灰雁却想走。他们远远地四处盘桓，每天晚上我们都要像牧人一样，费很大气力才能把他们赶回到大池塘边。这样做是必要的，因为只有在那里，他们才能免遭住在山谷里的狐狸的袭击。渐渐地，这些灰雁也建立起对喂养者的信任，从“鸟舍池塘”迁到了野外喂养处，这就是我们最初的灰雁居住中心。

换毛期过后，所有灰雁又都能飞了。他们纷纷带着今年出生的，此时已经具有飞行能力的雏雁到周围查看环境。到秋天时，他们已经习惯了这里。当他们的人类朋友搬到研究站大楼里时，他们也毫不犹豫地跟了过去，常常就待在房子附近，只有过夜时才去找较大的池塘，尤其是阿尔姆湖。这一行为现在已经成了传统。夏天里，我们池塘的小木屋便是雁群的中心，秋冬两季是在奥英格庄园。在某个美丽的秋日，灰雁们会突然出现在楼前，有时人还没搬进去呢。不过，他们只有见到人类朋友，才会留在这里。

初冬时节，一场大雪过后，灰雁就会躲开草地。他们不喜欢降落在厚厚的雪里，因为这雪可能使他们很难起飞。每到这时，他们就喜欢待在阿尔姆河的浅水中没有落雪的石子上。

在这个季节里，灰雁们都在阿尔姆湖上过夜，因为在辽阔的水面上他们可以躲开狐狸。每天天刚亮，他们就从湖边向下游飞来。这个湖离奥英格庄园大约有8公里，海拔比奥英格庄园高100多米。灰雁在晨飞时始终保持起飞地的高度。他们常常还会飞得更高，因为山地中常有的上升气流会使他们毫不费力就飞得很高，这显然让他们很开心。于是他们便会让春秋两季控制着他们的迁徙冲动发泄出来，高高地在白雪覆盖的山上飞出好远（图11），然后才落到研究站附近的石子滩上。

虽然我已经看惯了这一情景，但当自由飞翔的鸟儿远远向我飞来时，我仍感到一种难以言表的、永不减弱的魅力。可怜、恶毒的人类，几乎总是从后面观看野生动物。今天，在人与野生动物有所接触的所有国家里，人类都已经臭名昭著，因为他们是所有猛兽中最危险，也最没有同情心的。几乎没有一种动物不是一发现有人靠近就逃跑的，不管它有多大，是否强壮，身上是否还有什么重型武器，都是如此。只有人对动物来说处于很陌生的情况下，它们才会充满信任地走向人，遗憾的是，这常常是错误的。我们必须到加拉帕戈斯群岛或者南极洲，才能找到只需走几步就可以接近的动物，它们不会跑开或者飞走。

当我们研究站的某个人在森林中偶然遇见一只较大的哺乳动物时，他就会在瞬间内看到一张惊恐的动物面孔。朝向

秋冬季节，灰雁结队飞行。如果天气太冷，他们在飞行时就把双脚缩进体侧羽毛里，看上去就好像没有腿一样，很是怪异。

11

他的几乎完全是它的感官：竖起的大耳朵，张大的眼睛和膨胀的鼻孔。在下一刻他大多就什么都看不见了，顶多只有晃动的树枝或者是迅速消失的动物背影。鸟儿，尤其是较大的鸟，如猛禽、乌鸦或者水禽，在大自然中几乎比哺乳动物还要胆怯，为了从近处观察它们或者给它们拍照，必须使用猎人想出的聪明技巧，即悄悄地接近或者在合适的地方搭起一个伪装得很好的藏匿地点。

人类觉得自己是“地球的主人”，事实也的确如此，然而这只是在陆地上。在大海里，人就是一条非常渺小的鱼。我还清楚地记得，当我幼稚地想赶走一条梭鱼时，它竟向我摆出了威胁姿态，还露出了牙齿。此外我还体会到，人用橡皮脚蹼向后游有多吃力。

这样不大让人高兴的事毕竟只是例外，在绝大多数情况下，当人接近自由生活的动物时，它们肯定会逃走，人类就像被从和上帝的其他造物共同生活的天堂中赶了出来一样。现在，如果自由生活的动物从远处向我飞来，不是因为他们没有发现我，正相反，因为他们看到了我，听到了我，我就感到天堂的驱逐令在这一刻又被收回了。

我站在阿尔姆山谷中的一个地方，这是我们和灰雁的一个约会地点。此时正是清晨，山顶已经有些阳光了，山谷还处在沉沉的晨曦中，就在我站立的谷地上方还出现了一片阴云。这时我听见上面，在高高的空中，飞翔而过的灰雁在呼唤、应答，接着很快又得到一声回答，我听着像是雪雁的声音。当时我们仅有唯一的一只雪雁，叫阿科，遗憾的是，他现在还是飞回西维森的马普研究所了。当时他还在阿尔姆山谷，那天早晨还和我们的灰雁一起飞翔。他刚发出叫声，我就透过云层的一个蓝色小洞看到了它。只见他身上披满了阳光，宛若一颗闪亮的白色小星星。紧接着他就消失在了云层后面，但他听到了我的声音，从他头部的一个小小的动作我也发现，他看到了我。几秒钟之后，这只白色的鸟从云中飞下，在我身边落下；灰雁们则继续沿着山谷向下飞，直到云彩消失的地方。他们在那里下降，然后又在云层下面朝我飞回来。

灰雁从白雪覆盖的森林上方飞来，一边滑行，一边慢慢下降，最后把翅膀用力向前弯曲，形成典型的“钟”形，在我们身边降落。

12

现在，当我在秋天里写下这几行文字时，许许多多灰雁每天清晨从他们过夜的阿尔姆湖飞回到奥英格庄园。每天早晨，他们都从高空中飞下，落在楼前的草地上。这就像祈祷过后肯定说“阿门”一样确定。我们在草地上安置了一张桌子和一条非常舒适的小长凳，那里是观察灰雁的最佳位置。当我还在格吕瑙时，我每天早晨都坐在那里等待灰雁，他们的到来对我来说都是同样的庆典，同样的奇迹。每次，他们都在这里停止扇动翅膀，慢慢从空中滑翔而下（图12），垂直向我们俯冲下来，落在我们身前。

即使在寒冷的天气里，灰雁都不仅忠实于这个地方，而且忠于自己每天的习惯。他们一点也不在乎气温有多低（图13），因为前面讲过，这里的水在深冬也保持着比冰点高得多的温度。正由于这个缘故，这条河在寒冷的日子里就会产生雾气，岸边的树枝和灌木丛上也会结出奇美的白霜。当阳光出来时，你常常会看到一幅迷人的画面。在天气异常寒冷的时候，灰雁喜欢待在相对温暖的水里。有时他们头顶的羽毛上会结出小冰粒，这时他们就会把冰粒从身上蹭下去（图14）。

在寒风刺骨的冬日，当太阳从山后升起时，阿尔姆河相对温暖的水面上就会形成一片薄雾。在这样的日子里，灰雁就站在水里，使自己的脚保持温暖。

13

当灰雁到岸边来吃东西时，他们会迅速趴下，把双脚藏在体侧羽毛里取暖。如果此前他们洗过澡，水珠就会在他们的羽毛上冻成冰，就像这只我们养大的雄雁尼尔斯这样。在整理羽毛时，他们会用嘴弄掉这些冰粒。

14

第二章　胜利之鸣

在雁群中，春天，这个爱的季节，也已经苏醒。独立的年轻雄雁小心翼翼地走近他们的女友，身体和脖子都摆出一种非常独特的姿势。年轻雄雁常常要这样极为耐心地追求好几天，然后才开始进一步发展他们的关系：向雌雁提议共唱胜利之歌。

▶ 哪里的春天都没有阿尔卑斯山的春天这么美。冰雪刚刚消融，鲜花就已经四处绽放。刚出现几块没有雪的地面，圣诞蔷薇（Helleborus Niger L. 图15）、蜂斗叶（Petasites Hybridus L. 图16）奇异的花蕾和藏红花（Crocus Alpiflorus 图17）柔弱的花萼就已经露出头来。

在雁群中，春天，这个爱的季节，也已经苏醒。此时，年轻的灰雁离开自己的家，部分是出于自愿，部分则是因为父母又要孵卵，不愿让成年的孩子留在身边。已经独立的年轻雄雁小心翼翼地走近他们心仪的女友，身体和脖子都摆出一种非常独特的姿势。他们的脖子紧张地向前伸着，与此同时又向下弯着（图18）。

年轻雄雁常常要这样极为耐心地追求好几天，然后才开

早在12月和1月里，我们就会在阿尔姆山谷的南坡首先发现圣诞蔷薇（Helleborus Niger L.）的花蕾。在晚冬和早春，这些美丽的花还会在雪化的地方开放。

15

蜂斗叶（Petasites Hybridus L.）也是很早开花的植物。在那些夏秋两季非常引人注意的大叶子出现之前，漫长的冬天刻画出来的地表植被就已经露出花序。

16

大约在同一时间，藏红花（Crocus Albiflorus L.）柔弱的花朵也已经绽放。有时，田野上会出现成千上万朵藏红花。

17

始进一步发展他们的关系：向雌雁提议共唱胜利之歌。他伸长脖子向她走去，与此同时发出一种独特的嘎嘎声。在发出这个爱的宣言之前，雄雁往往会主动攻击某只身边的灰雁。目击者肯定会感觉到，他是想让爱慕的雌雁看看自己的勇气（图19）。

在温暖、晴朗的早春，灰雁开始发情。这里我们可以看到一只老雄雁正弯着脖子向他的心上人走去。脖子上明显出现凹槽，嘴和双腿在这一时期也呈鲜艳的玫瑰红色。

18

雄雁特劳恩独自在30公里开外的特劳恩湖（Traunsee）度过3年时光后，回归到雁群。现在，他正恳求刚刚从家人身边走开的露西娅与自己一起发出“胜利之鸣”，但这位少女还很害羞，没有做出回答。

19

最初雌雁对这个爱的问候置之不理，因为雌雁还有些怕他。但过了一段时间，她就会逐渐克服胆怯，继而越来越有力地和雄雁一起鸣叫起来。如果这样，“订婚”就算结束了。没有什么戏剧性事件发生的话，这对灰雁伴侣会厮守一生。如果灰雁夫妻经历过一次巨大干扰，例如经过长时间分离或者在和别的灰雁进行过一场鏖战重新会合之后，我们尤其会见到这种问候仪式。他们的情绪越激动，鸣叫得就越响亮，因此奥斯卡·海因洛特（Oskar Heinroth）把这种鸣叫命名为“胜利之鸣”（图20）。

一般来说，灰雁夫妻会终生对对方保持忠诚。但我上面提到过的“戏剧性事件”却也偶尔发生，即一只雄雁或者一只雌雁尽管已经订婚甚至已经结婚了，却突然热烈地爱上了一个新伴侣。这种不忠行为之所以会发生，大多是因为二者在联姻时就已经有些不大对头，例如二者之一刚刚失去了自己的第一个挚爱，目前的伴侣只是个替代者。在我们对灰雁所进行的漫长观察中，只见过三次这样的情况：夫妻已经一起孵过卵并成功地抚育了幼雁，却又分手了。奇怪的是，在其中的两次中，破坏夫妻关系的引诱者都是雄雁阿多。第一次的主角是两只由不同的养父母抚养长大的灰雁，雄雁雅诺司·弗洛里希和雌雁苏珊娜·伊丽莎白·布来特——我们基本上用他们的养父母的姓来给他们命名。他们一度结为伴

就是在一起生活了许多年的夫妻中（图中是塞尔玛和古内曼茨），雌雁在很多情况下对雄雁的胜利之鸣的回应也不是很投入。不过与年轻夫妻不同的是，他可以跟她十分接近，甚至接触她。

20

侣，1973年还成功地完成了孵卵。

雄雁阿多的年龄大得多，也非常强悍。在混乱的迁徙中，他失去了自己的妻子，说得更准确一些，是失去了他的未婚妻，因为他们还没有一起孵过卵。雅诺司的身体比阿多弱得多，只能眼睁睁地看着他不忠实的妻子苏珊娜·伊丽莎白在新生的爱情中飞到阿多身边。1975年，阿多和苏珊娜·伊丽莎白在阿尔姆湖上孵卵，这时，狐狸来了。在一个美丽的早晨，我们在巢穴里看到了苏珊娜·伊丽莎白的背影，悲痛的阿多无声地站在旁边。

灰雁的悲哀情形与人相仿。你不必告诉我，这是一种不可靠的拟人说法。的确，人们不能看到一只灰雁的灵魂，他们无法把自己所经历的一切用语言表达出来。同样，一个小孩子也做不到这一点，然而约翰·布尔贝（John Bowlby）在他著名的关于孩子的忧伤（Infant Grief）的论文中，以令人信服、震惊的方式告诉我们，小孩子的悲哀会有多么深切。或许他们悲哀起来比成人更深切，更强烈，因为他们还无法在理性的思考中找到安慰。当主人外出旅行时，狗也会感到悲哀，就好像自己永远失去了主人一样。人不能对它说：“我下周回来。”所以当人不得不长时间离开狗时，就会对狗造成精神伤害，以至于当它们心爱的人回来时，它们也不会真正地高兴起来，常常要过几周时间才能恢复以前的活泼——如果它们真的会变得活泼起来的话。在情感方面，动物和人类比我们普遍预想的要相像得多。只有在理智上它们和我们有着天壤之别。我常常对业外人士以及在一次次讲座中说：动物比你想象的要笨得多，但在情感与情绪中，它们和我们的差距却比你预想的要小得多。

这也和我们对大脑不同部分的结构与功能的了解一致。人脑的理性控制在于前脑，而大脑的基底部分则负责情感与情绪。在这一点上，动物和人没什么太大区别。从解剖学来看，人与动物的大脑的巨大区别存在于前脑的结构中。

深层情感的客观生理特征，尤其是悲哀的标志，在动物，尤其是在狗和灰雁身上，几乎和人类没有什么区别。悲哀的时候，植物性神经系统中交感神经的紧张程度会减轻，而副交感神经，尤其是迷走神经的紧张程度则会加强。这便导致中心神经系统的普遍兴奋性降低，肌肉失去张力，眼窝深陷，人、狗和灰雁都会耷拉着脑袋，没有食欲，对周围的一切刺激都感到无所谓。这使悲哀中的人和灰雁都非常容易“出事故”：人会出车祸，而灰雁则会撞到电线上或者因为注意力不集中而成为猛禽的猎物。

在雁群中，悲哀这一状态在社会领域里也会产生戏剧性的影响。悲哀的灰雁没有丝毫力量反抗别的灰雁对自己发起的进攻。如果悲哀者曾在雁群固定的等级制度中有着显赫的地位，那么此前一直位列其下的灰雁就会令人惊诧地迅速认清并开始利用他的这种无力状态。他将受到来自四面八方的撞击，进攻者中甚至还有那些最弱小和最没有勇气的灰雁。换句话说，悲哀者落到了社会等级制度的最底层，如动物社会学家们所说的，他成了“欧米茄[①]动物”。

我已经说过，丧偶的灰雁会试图回到家庭的怀抱中。当一只老雄雁——多年前人类曾亲手把他养大，在长期的幸福婚姻中，他和自己的人类抚养者没有丝毫联系。但在失去伴侣后突然沉痛却忠实地跟在他的人类朋友后面时，情景是极为感人的。阿多不是由人养大的，而是由他亲生母亲抚育长大的，然而他的母亲早就不在了。他不是特别驯顺，譬如他不会吃我们手里的食物。而正因为如此，当1976年苏珊娜·伊丽莎白死去后，他试图与我亲近的那份固执才更让人感动——尽管他更熟悉的是西比勒·卡拉斯和布里吉特·基尔希迈耶（Brigitte Kirchmayer），而不是我。经过一段时间我才发现，阿多总是受到其余灰雁的折磨，每当我离开雁群，不再为灰雁所包围时，可怜的阿多就悄悄跟在我身后，怯生生地，一副悲哀的样子，而且总是在离我8~10米的地方站住。

---

① Omega，希腊文字最后一个字母。——译者注

1976年剩下的所有日子阿多都是在孤独与悲哀中度过的。1977年早春，他却突然振作起来，向雌雁塞尔玛发起了狂热的追求，而塞尔玛已经是有夫之妇，而且去年还和她的丈夫古内曼茨一起完成孵卵，并养大了3只小雁。阿多得到了不忠之妻的爱，于是一场不同寻常的嫉妒戏剧便开幕了。

"合法的"丈夫或者未婚夫在自己的女伴对别的雄雁感兴趣时，会采取固定的行为方式，借助这一行为方式他可以阻止她跑到情敌那里去。雄雁亦步亦趋地紧跟在她身边，当她想向别的雄雁走去时，他就会挡住她的路（图21）。在极度的激动中雄雁甚至会咬雌雁，不过这种事一般都不会发生（图22）。

目前我随时都可以用一只豆雁（Anser Fabalis L.）来展示嫉妒行为，这只雄雁总是吃我的醋。豆雁卡米拉尽管已经快3岁了，对我却怀有一种非常强烈的孩子般的喜爱，这表现在：只要她一看见我，就会朝我跑来，向我问好。尽管她有这种孩子般的特征，去年春天她还是和豆雁卡尔文订了婚，而卡尔文一看到他的未婚妻友好地问候另一个男性，尽管那只是一个人，也会不高兴。为了向来访者展示雄雁的嫉妒行为，我只需把卡米拉引诱到我身边，让她向我问好，接着卡尔文肯定就会有上述表现。

这只以这种方式"保护"自己伴侣的雄雁显然处于一

当古内曼茨把情敌阿多（在背景中我们可以看到他）赶走后，古内曼茨一边发出胜利之鸣，一边朝塞尔玛走回来。塞尔玛试图到阿多身边去，但古内曼茨却总是挡住它的路。塞尔玛胆小地缩起脖子，这表明她仍然举棋不定。

21

古内曼茨在胜利之鸣中走近塞尔玛，愤怒中的他甚至向塞尔玛咬去。在背景中我们看到阿多正高高竖起脖子，摆出求爱的姿势。

22

种艰难而疲惫的境地。他甚至不能离开他的妻子，向他的情敌发动攻击，因为他一离开她，她就会马上逃跑。他也不能去吃东西。由于这场戏剧会持续好几个星期，他会明显消瘦下去。从黎明到夜幕降临，我们都会看到这样的灰雁脚步匆匆地跟在伴侣身边走过，走在他们前面的是为雌雁所爱的情敌，雌雁就跟在他后面，满怀醋意地夹在二者之间的是保护妻子的雄雁（图23、24、25）。

当雌雁还没有下定决心该爱谁的时候，对抗中的雄雁就会斗争得特别激烈。我记得，最激烈的一次争斗是在雄雁布拉修司和马库斯之间进行的。他们都想得到雌雁阿尔玛的芳心。二者一样强大，外表也非常相似，阿尔玛显然自己也没弄清楚，愿意把自己的心献给哪一个。我看到二者在空中进行了一次殊死争斗。灰雁很善于空战：一只飞到另一只上方，就像猛禽一样从上方俯冲下来，在和对手擦肩而过的同时，用翅膀头给出重重的一击。当布拉修司和马库斯二兄弟在高空中进行战斗时，马库斯成功地给了布拉修司这样一击，就在紧挨着翅膀的脖根处，那里是负责控制前肢的神经网。布拉修司的一只翅膀完全瘫痪，他就像石块一样从大约20米的空中坠落，幸运的是他落在了水里。如果落在岩石或者坚硬的石子上，他就必死无疑了。现在他只是局部瘫痪，一只翅膀无力地耷拉了好几天。但幸运的是，几天后，他的

赛尔玛、古内曼茨和阿多之间的嫉妒戏剧持续了近14天。最初，古内曼茨还试图飞着驱逐阿多。由于塞尔玛执意追随自己的情人，就出现了疯狂的空中追击。事后，灰雁们常常筋疲力尽地落在地面上。在这次战斗结束后，他们落在了附近的坎伯兰动物保护区里。我们可以看到，古内曼茨再次挡住了塞尔玛的路。出现在背景中的是那些兴致勃勃地观看这一事件的同群灰雁。当雁群中发生社会争斗时，常常会出现这一情形。

23

古内曼茨再次极度愤怒地向塞尔玛啄去。缩着脖子走在他们前面的是对自己的事还不太有把握的阿多。

24

在同一天晚上，古内曼茨以极端的胆小鬼姿态快步走在塞尔玛和情敌之间。这是刚刚在战斗中被阿多击败的雄雁在绝望地试图保护塞尔玛。胜利的情敌在背景中摆出求爱的姿态。

25

瘫痪竟痊愈了。不管怎样，这一现象表明，雄雁之间的决斗很可能以一方死亡告终。至于马库斯通过这一胜利获得了未婚妻，就无须再提了。

这样的决斗在地面上就是另一番情形了。灰雁有两个武器：能够咬合得非常紧的喙和翅膀头——用人体解剖术语来讲就是手腕。他的翅膀头上有一个小小的像刺一样的包着角质化皮肤的突骨。两只雄雁相互用喙咬住对方，大多是脖子（图26），然后把对手尽可能拉到自己跟前，直到自己刚好能够用翅膀头给对方一击。为了保持平衡，他们会把一只翅膀尽量向后打开，同时把另一只翅膀的翅膀头弯起，然后用角质武器向对方发动攻击（图27，28）。人从远处可以听到他们强有力的翅膀撞击和拍打声，这时其他雄雁就会匆匆赶来，极为激动地观战（图29、30），特别是那些级别非常低的雄雁，而级别较高且非常自信与勇敢的雄雁有时则会对此进行干涉。不过这种干涉常常发生在开战的初期。显然，这种给雁群带来不安的行为让他们无法忍受。

平常级别的斗争很少升级到用翅膀头进行抗争的决斗，即便有，也最多持续几分钟。而竞争同一只雌雁的两只雄雁进行的翅膀头大战则会持续15分钟以上，直到两个情敌都筋疲力尽为止。如果二者打成“平局”，第二天战斗还要继续。

在社会结构大变更时期，如前面描述过的嫉妒戏剧，常常会出现最为强烈的进攻性的争斗，即翅膀头战。竞争中的两只雄雁相互用嘴抓住对方脖子、胸部或者体侧羽毛，拼命弯着脖子把对方拉到自己跟前，用翅膀头击打对方，撞击声在很远的地方都听得格外清楚。见此情景，其他灰雁也很兴奋，他们常常嘎嘎叫着在一旁观战。

26

为了能尽量把翅膀向后摆动，争斗中的雄雁都把身体直立起来，有时用尾羽支撑身体。

27

二者相互有力地用翅膀头击打对方，直到一方放弃战斗，转身落荒而逃。

28

为了保持平衡，战斗者把翅膀尽量向后展开。

29

战斗中强有力的翅膀头在相互撞击时发出的响声从远处就可以听到。

30

占下风的一方掉转身体准备逃走，而对手还企图叼住他脖子上的羽毛呢。

31

较强大的雄雁在把对手打跑后，常常摆出“胜利者的姿态”，然后在响亮的胜利之鸣中朝自己的雌雁走去。在这张照片上，我们明显可以看到他在战斗中使用的翅膀头上那个坚硬的角质窝RV。

32

最激烈的战斗是在两种完全特殊的情况中进行的。第一，当两只雄雁吵架时——此前他们通过一次同性恋者的胜利之鸣而结合在一起，他们的爱就会转化为恨，奇怪的是，这种恨会持续几年。通过认真查阅记录，我们发现一个事实，彼此怀恨多年的雄雁以前都曾是同性恋关系。

第二种导致如此激烈的战斗的情况前面已经说过，就在被追求的雌雁不能立刻在两个追求者之间做出抉择时。例如塞尔玛对她的合法丈夫古内曼茨和新追求者阿多的喜爱摇摆不定时，就爆发了西比勒·卡拉斯拍摄下来的那些戏剧性争斗。这场战斗进行了好几天，最后古内曼茨逃出战场，而对手还企图咬住他脖子上的羽毛呢（图31）。此后，胜利者就会骄傲地摆出一副鹰一样的炫耀姿势。从他翅膀的这一姿势，我们可以清楚地看到他翅膀头上前伸的坚硬的角质小突起（图32）。

战败者在逃到足够远的地方时，筋疲力尽地落到地面上（图33）。此后他还会受到此前地位一直在他之下的其他灰雁的攻击。这个在前面图示的战斗中失去妻子的可怜家伙，即便对那些最弱小的灰雁也不再反抗，就像两年前的阿多一样。在失去伴侣的同时，他也失去了自己的社会地位。

真正的繁殖期虽然在这个巨大的骚乱阶段——恋爱和嫉妒之后很快开始了，却与之形成鲜明对比。一对对夫妻离开

当阿多终于赢得塞尔玛时，我们看到，古内曼茨的的确确崩溃了。一看到他的情敌，他就以极端卑屈的姿势卧在地上。在极端的社会压力下，灰雁就会摆出这一姿势，既是体力耗尽的显露，也是无条件投降的表示。

33

在春洪从图特山涌来之前，阿尔姆湖达到了最低水位。现在，灰雁喜欢逗留在南岸的泥滩上，我们常常到那里去看他们，和他们一起度过好几个小时。这里是观察灰雁在发情期重新配对以及其他社会事件的好地方。

雁群，开始寻找筑巢地点。这时，每一只灰雁都表现出了截然不同的品位，在选择巢址时也表现出了不同的技巧。我们的灰雁大多到阿尔姆湖北端——离该湖的出水口很近的，长满莎草和芦苇的沼泽岛上寻找巢穴。只有少数灰雁到我们在欧伯甘斯尔巴赫为它们在池塘中搭建的能够抵御狐狸进攻的巢箱里孵卵。所以这个湖也是我们观察灰雁的繁殖与孵化行为的最佳地点（图34）。

交配序曲是这样开始的：雄雁摆出一个骄傲的姿态，这和疣鼻天鹅有些相像。他抬起翅膀，脖子弯成一个优美的弓形。与此同时，他颈项上的羽毛也会竖起，一道道条纹清晰地显露出来。摆出这一姿态后，雄雁就把脖子深深地扎进水里（图35、36）。雌雁对此做出的反应是：同样把脖子伸进水里，最初只是怯生生的、暗示性的，渐渐就变得越来越激动（图37）。她把身体平平地伸直，脖子向雄雁伸过去，对方则用喙抓住她（图38），然后爬到雌雁身上（图39），完成交配（图40）。

交配对保持夫妻团结起着相对较小的作用。早熟的年轻灰雁有时就会发生这样的事情：他们在一岁时就已经开始交配，不过这绝不意味着他们以后会好好地生活在一起。相反，如果人们看到两只成熟的灰雁举行“胜利之鸣”的仪式，倒可以有几分把握地预言，他们将会在以后的生活中团结一致。爱与

灰雁的交配总是在水中进行。雄雁先是摆出所谓的高弦帆船姿势，即骄傲地把脖子弯成S形，翅膀略微竖起。

35

交配序曲的下个阶段是探颈入水。雄雁把脖子伸进水里，当他再次抬起脖子时，水帘从脖子和头上落下。

36

雌雁（前）同样以探颈入水做出回应

37

如果雌雁愿意交配，就平平地浮在水面上，把脖子朝雄雁扭过去，好让他用嘴抓住自己爬上来。

38

现在雄雁爬上来了。

39

雄雁上来以后，就把尾巴从侧面伸到雌雁的尾巴下面，用自己的泄殖腔口挤压雌雁的泄殖腔口，翻出成螺旋形状的阴茎（这是鸭科鸟所特有的）。交尾之后，雄雁从雌雁身上滑下，高高竖起脖子和尾巴，抬起翅膀，发出一种在这一场合下典型的鸣叫声。接着两只灰雁就一起洗澡了。

40

性在灰雁身上是两件完全不同的事情，二者虽然能够为团体中的健康婚姻做出保证，但在多数情况下是互不相干的。当两只雄雁“彼此相爱”，这种情况并不少见，他们两个完成了热烈的“胜利之鸣”仪式，就出现了这样一个性与爱分离的典型事例。其实他们并不是真正的“同性恋”，因为他们从来没有性交行为，尽管从解剖学上来看这是可能的。雄雁没有这样做，是因为二者中谁都不愿像图38中所展示的那样，把身体伸平。虽然有时他们也会发展到探颈入水这一阶段，但他们都想爬到对方身上而各不相让，最终就会放弃交配的企图，有时还要发生小小的争吵。不过这一“小小的失败”决不会给他们的关系蒙上阴影。

可以理解的是，这样的雄雁伴侣在勇气和战斗力上都比一般的灰雁夫妻强得多，因为每一只雄雁都不仅更勇敢，更好斗，而且比雌雁更重，更强壮。所以雄雁伴侣在雁群中总是占有较高的社会地位。下面这种情况也不少见，即两个英雄的胜利给一只未婚雌雁留下了深刻印象，她不禁爱上了二者中的一个。一般来说，主动追求自己的所爱是雄雁的事，雌雁总是很被动。一只堕入爱河的雌雁没有任何示爱的行为方式，无法如雄雁般像前面所描述的那样博得心上人的青睐。她所能做的只是“仿佛偶然”地出现在心仪的雄雁附近，用眼睛密切注视心上人的行动。显然，“眼睛的游戏”

在灰雁中也像在其他鸟类中一样起着非常重要的作用。

这时，如果一对雄雁伴侣像前面描述的那样交配失败，就会出现这样一种情况：一只堕入爱河的雌雁径直向二者游来，把身体伸平，接着真的会有一只雄雁爬到她身上去。这种情况会反复出现，进而变成一种习惯，由此便会形成一种极为奇怪的关系。两只雄雁仍一如既往地保持亲密关系，一只雌雁则不引人注意地跟在他们后面，保持着很远的距离。她虽然不参加他们的“胜利之鸣”，但二者之 有时会和她交配。交配后，那只雄雁决不会对着她举行交配终曲的美丽仪式。而一对通过“胜利之鸣”结合在一起的，换句话说，一对“相爱”的夫妻在成功地交配之后是肯定要举行这一仪式的。在另一个案例中，我们还观察到，雄雁有一种非常奇怪的行为。“胜利之鸣”共同体也可以包括3只雄雁，在西维森我们有3只雄雁：马克思、科普夫史利茨和奥得修司，他们构成的同性恋联盟统治着埃斯湖上的整个雁群。奥得修司就像前面描述的那样和一只叫欧娜的雌雁保持着“无爱的交配关系”。他习惯于定期到一个确定地点，离他们三个通常逗留的地方相当远的地点去找欧娜，在那里与之交配。但性交一结束，他就飞过湖面，回到自己的两个伴侣身边，对着他们完成训练有素的交配终曲，好像在说：“你们俩才是我的爱人。”这样 个得不到爱的“情妇”要想成为“胜利之鸣”共同体的一员，只有一种可能。如果她能够成功地找到一个筑巢地点，并能抵御其他寻找巢穴的灰雁的进攻——这对一只孤立无援的雌雁来说并不容易，也很少成功，如果她还能幸运地让自己的爱人看到她孵卵或者最好看到她和刚刚出壳的孩子在一起，那只雄雁就可能收养、保护并带领这些孩子。有时，孤独的，特别是鳏居的雄雁也会这么做。他们会收养那些根本不属于自己的孩子。这只雄雁会和收养的孩子或者如我们这里所介绍的这种孩子（尽管他们在一定程度上是“非婚生”子女）发出一种正常的家庭“胜利之鸣”，对此我们后面还要介绍。这些被收养的孩子的母亲虽然得不到丈夫的爱，却也可以加入到鸣叫之中，并逐渐成为这个男性共同体中合法的一员。

在野雁群中，我们常常会发现这样的“三驾马车”，通常由两只雄雁和一只雌雁组成。他们很可能都是，或者大多数是以上面描述过的方式走到一起的。人们很难把这个“三口之家”称为异常组合，更不能说它是病态的。彼得·斯科特（Peter Scott）发现，在冰岛的短喙雁中，这样的“三驾马车”非常常见。他断定，这样的家庭在哺育幼雁上非常成功，因为两只机敏的雄雁对家庭的保护远比一只雄雁要有效得多。

在以非同性恋关系结合在一起的灰雁中，也存在着爱与交配分离的现象。在那些很早就通过“胜利之鸣”结合在一起、平日也彼此关爱的灰雁夫妻中，二者在大致可称为性的这一方面绝对奉行一夫一妻制，非常忠诚。如果爱情没有这么伟大，譬如，雄雁失去了他的第一个爱妻，又娶了另一个，事情就有所不同了。他会勇敢而忠实地保护他的“合法”妻子，帮她选择筑巢地点，认真为巢穴站岗放哨，殷勤地带领并保护自己的孩子。他对家庭的行为可谓无可挑剔，然而他却愿意和任何一只想交配的陌生雌雁交尾，只要对方向他提出要求。不过他并不会照顾和保护这个交配对象，如果有人当着他的面把这只雌雁抓住带走——我曾试着这样做过，他也不会有丝毫激动。如果在这种情况下被抓住的是他的“合法”妻子，他大概会全力斗争的。

有趣的是，这样的爱与交配的分离现象在雄雁比在雌雁身上出现得更为频繁。在我们到现在为止所描述的情形中，在无爱的情况下完成交尾的雌雁总是真心爱着自己心仪的交配对象的，这就是说，如果我们客观地表达，她们总是愿意和雄雁一起鸣叫的，只要对方做出些许的暗示。

和哺乳动物不同的是，鸟类——当然灰雁也是这样，在发生性行为之前不久就已经开始妊娠了。如人所知，在大多数鱼类中，孕期是以性行为告终的，因为卵子和精子是被同时排出体外的。鸟蛋是在蛋黄已经相当大时才在母体里受精的，所以在交配达到高潮之前，雌雁的肚子就已经隆起得很明显了（图41）。

在早春的发情期，卵已经开始在雌雁的肚子里成熟，里面出现卵黄，很快就可以看出她的肚子已经隆起，即将产卵。这张照片上的雌雁海克斯脖子上有一块秃，这是因为雄雁每次爬到她身上交尾时都会拽掉它几根羽毛。

41

这时夫妻俩便开始努力寻找一个筑巢的地点，在选择巢址时，他们有时表现得非常有技巧，有时也非常不谨慎。有的给自己找了一个非常隐蔽的巢址，如图上这只小雌雁（图42）。她已经在这里成功地孵过两次卵了。有的灰雁则在岛上没有任何遮蔽的地方筑巢，虽然湖水有限地挡住了狐狸，由于没有空中遮蔽，乌鸦和渡鸦却可以从空中入侵她们的巢，遗憾的是，这两种鸟都热衷于偷猎灰雁蛋。有的灰雁喜欢孤立的、地势有些抬高的巢址，如我们在嫉妒戏剧中提到的塞尔玛（图43）。灰雁几乎都喜欢在半岛或岛屿上筑巢，她们显然不明白，在那里，她们的巢完全是向狐狸敞开的。在自由猎区孵卵的灰雁在选择巢址时总是这样：她们虽然躲在稀疏的遮蔽物后边，却要能够看到四面八方，这样她们就能够在观察四周的同时不被敌人发现。鉴于这一事实，有一点大概就让人有些奇怪了，那就是她们很喜欢住在四面封

有些雌雁喜欢在阿尔姆湖的入水口三角洲的小岛上筑巢，让巢掩蔽在桤木和灌木丛中。当我们靠近这只有些胆小的雌雁时，她目不转睛地观察着我们，表现得很镇定。

42

其他灰雁在毫无遮蔽的草丘上孵卵。这样，她们可以很好地察看周围的环境。温顺的塞尔玛朝我们看来，一点也不害怕。我们可以清楚地看到一道由白色绒毛筑成的墙，那些羽毛是雌雁在孵卵期内从胸部和腹部上拽下来铺巢的。

43

闭、入口很窄的巢箱里，不过，这些巢箱必须是设立在深水之中的木桩建筑。出于可以理解的原因，我们非常重视我们的灰雁能否成功孵卵，这样当她们在疏于选择巢址时，我们就会帮助她们纠正错误。我们把巢中的卵拿走，希望雌雁能够在一个更好的地方建第二个窝，并在那里不受干扰地孵卵。

第三章　新　生

在钻出蛋壳的第一天里，雏雁渐渐变得不安分起来。他们越来越频繁地从母亲的翅膀下面钻出来，做个小小的远足，不过只是离还趴在巢里的母亲不远的地方。接着，一个重要的时刻到来了。母亲站起身，一边发出情感音，一边非常缓慢地离开巢。雏雁立刻紧紧地跟在她后面。

或许大家很想知道某一只雌雁成功孵卵的故事。1974年，西比勒·卡拉斯对她喂养的雌雁阿尔玛付出了特别的关注，目的是想让她尽可能地驯顺。如果有人问我，这种照顾体现在哪里，我的回答很简单：照顾鸟和照顾狗一样。如果人们想把一只小狗培养成友好而忠实的伙伴，就要给它很好的照顾。人们必须尽可能多和它们一起散步，多和它们说话，可能的话让它跟自己在一个房间里睡觉。这些表示友好亲近的方式对灰雁同样有效：人和他们散步越多，和他们一起进行的远足越远，他们就和你越亲近。此外，人和他们一起休息也起着相似的作用。和灰雁一起睡觉是养雁者的义务，欧伯甘斯尔巴赫的小木屋就是为这个目的而建造的。这一义务当然会让人很不舒服。

西比勒·卡拉斯极其准确地对阿尔玛和她的兄弟姐妹履行了上述这些义务。这一努力的结果是，1976年，当阿尔玛第一次孵卵时，跟她异常亲近。

我们之所以付出如此巨大的努力，花费大量时间，完全是为了一个科学目的，那就是造就一个完全驯顺的灰雁之家，以便从最近距离细致观察并研究灰雁父母和孩子之间的相互影响。之所以要这样做，是因为对我们的社会学研究来说，很重要的一点就是想知道被我们人为养大的幼雁对我们的态度是否和正常长大的幼雁对他们真正的父母的态度有所不同，如果有不同，又表现在哪里。

命运安排阿尔玛幸运地和布里吉特·基尔希迈耶养大的同龄雄雁交配，就是那个马库斯，我们已经讲过他和雄雁布拉修司进行的艰苦战斗。如果阿尔玛爱上的是一个由亲生父母养大的胆怯的雄雁的话，西比勒为了教养她而付出的所有努力就全部付诸东流了。因为这样的一只雄雁会通过前面描述过的出于嫉妒的“保护”强烈地阻止阿尔玛和西比勒接触。而马库斯却是一只对人非常友好的鸟。当他们把一个巢箱选作自己的巢时，我们都非常高兴。这个巢箱是欧伯甘斯尔巴赫池塘中的一个木桩建筑，离西比勒住的小木屋一点也不远。令我们极为生气的是，阿尔玛刚下一个蛋，一对白颊雁就把她赶出巢箱，但很快他们也不得不把巢箱让给另一对同样想得到这个巢的灰雁。这件事发生在1976年4月11日，那一天的气温在零摄氏度上下徘徊，刚刚下过一场大雪。当时阿尔玛的小木屋里没有渔民使用的那种长及胸部的涉水裤，我们到池塘的巢箱去时经常穿它。情急之中，独自住在欧伯甘斯尔巴赫的西比勒英雄般地前去保护阿尔玛的巢。她脱下衣服，走进冰冷的水中，把捣乱的灰雁赶走。请您想象一下，天刚蒙蒙亮，气温只有零摄氏度，厚厚的大雪和足有一米半深的冷水！

虽然恶毒的敌人被赶走了，但恶果已经造成：阿尔玛再也不肯接近这个巢。她宁可到欧伯甘斯尔巴赫上游100米的地方建一个应急巢。当我们找到她时，里面已经有了3枚蛋。这个巢建在阿尔姆岸边的陆地上，没有什么遮拦。狐狸或者渡鸦肯定会发现它。于是西比勒就把蛋拿走，放进巢箱，阿尔玛的第一枚蛋还在那里。令西比勒大为高兴的是，阿尔玛又在这个巢里下了第五枚蛋。然而令我们极为恼火的是，此后她又一次被那些“恶毒”的白颊雁赶走。之所以会这样，在很大程度上是因为对人非常温顺友好的马库斯在雁群面前是一个十足的胆小鬼，他缺少哺育本能，这一点以后在养育幼雁的过程中也有所表现。

我们每个人都以为，阿尔玛在那个夏天不会再孵卵，但10天之后她又开始在阿尔姆湖的一个岛上建起新巢。她把蛋下在这里，接着开始孵卵。由于我们特别重视这次孵卵，就每天都去照看这个巢。我们发现阿尔玛对西比勒非常友好，她丝毫不反对她把蛋一个个地拿出来对着光检查或者闻一闻！一个变质的蛋会在巢里炸裂，溅出的变质蛋白会糊住别的蛋的细孔，使里面的胚胎窒息而死。从图44中我们可以看到西比勒如何一边伸手喂阿尔玛，一边闻雌雁身下有没有变质的蛋。

在孵卵间歇期，西比勒也去探望阿尔玛，去陪伴她。温顺而毫无脾气的马库斯对此当然不会表示反对，而阿尔玛对我的态度却很恶劣（图45）。孵卵间歇期也是雌雁哺育行为

阿尔玛非常温顺，在西比勒·卡拉斯查看她的蛋时，她不会站起来离开巢。通过嗅闻这些蛋，人可以以最快速度断定巢里是否有一只腐坏的蛋。在昔日的养母检查她的巢时，阿尔玛吃着她手里的东西。

44

尽管阿尔玛认识我，她仍是又咬又用翅膀头打我，直到把我从她的巢边赶走，几分钟之前她还趴在那里吃养母西比勒给她的东西呢。

45

雌雁每天都把蛋翻动好几次。她把嘴伸到蛋下面，然后把蛋朝自己身边拨，从巢里滚出去的蛋也是这样弄回来的。这样频繁地翻动正在孵的蛋，可以避免卵膜粘在蛋壳上。

46

在孵卵期内，我们每天都去看望巢里温顺的雌雁，偶尔还喂一喂她们。她们特别高兴我们能和她们一起度过孵卵间歇期。当雏雁破壳而出时，母亲们已经习惯我们的出现了，这样，我们就可以毫不费力地从近处观察这一家了。

47

中的一个必要组成部分。鸟蛋必须冷却，此时气室中的空气收缩，新鲜空气通过蛋壳上的细孔渗入。人们在人工孵化灰雁蛋时也要相应地模仿这些有规律的孵卵间歇期。在间歇期中，雌雁不仅去吃草、喝水，而且常常去洗澡，这样当她们回来时，它们的蛋就会被弄湿。

在孵卵间歇期中，雌雁每次离开巢之前，总是细致地用羽毛把蛋盖上，这个雁巢的墙体就是用羽毛填起来的。孵卵期开始时，她们便从自己的腹部拔下羽毛，放在蛋之间和蛋下面。在孵卵间歇期，这一层羽毛的主要作用不再是保暖——此时这些蛋需要冷却，而是挡住渡鸦和乌鸦的视线。当雌雁在长度不等的间歇——少则10分钟，多则一个多小时后，回到自己的巢里，她大多要长时间站在蛋旁边，彻底清洁自己腹部的羽毛，然后便开始滚动巢里的蛋。她把喙伸到一枚蛋下面，让蛋朝自己滚过来（图46）。非常柔顺的雌雁会允许人在她孵卵时喂她，我们就利用这一点，在对蛋进行检查的时候，把她的注意力引开（图47）。

灰雁用羽毛和筑巢材料把蛋盖住，这样虽然可以挡住通过视线来寻找猎物的渡鸦和乌鸦，却挡不住通过嗅觉来觅食的肉食类哺乳动物。美丽的渡鸦虽然在别的地方已经很少见，在阿尔姆山谷却常常出现。在野生动物自然保护区里，这样的鸟特别多，它们是被熊、狼和其他猛兽的食物吸引过来的。老渡鸦有一种出色的技术，能够从狼窝里把啃了一半的骨头偷出来。如果正好没有猛兽看到，年幼的没有经验的小动物常常会在这样的无耻行径中丧命。乌鸦是了不起的鸟类，但出于可以理解的原因，我们都不愿意看到它们在雁巢附近的树上蹲着（图48），因为我们在周围地区太过频繁地找到像图49中那样的灰雁蛋了。灰雁清楚地知道乌鸦和

当雌雁开始下蛋时，渡鸦和乌鸦很快就会出现在她们的巢附近，等待有利时机从没有守护的巢里偷蛋。我们多次看到在孵卵地站岗的雄雁飞起来进攻并驱逐乌鸦和渡鸦。

48

尽管雌雁非常警惕，乌鸦和渡鸦也多次成功地把她们的蛋偷走吃掉。我们常常在灰雁的巢附近发现这样被打开的蛋。

49

当雏雁准备出壳并开始在蛋里发出声音时，一直在离巢很远的地方站岗的雄雁就回到了妻子身边。当我们接近阿尔玛的巢时，她的丈夫阿多向我们发出了威胁。

50

渡鸦是侵犯自己巢穴的敌人，我们不知道，她们是在有过几次糟糕的经验之后才知道的，还是天生就知道。我们常常看见灰雁，而且是那些正在巢里孵卵的灰雁，一看见渡鸦或者寒鸦毫无遮蔽地蹲在高高的树上，就飞起来向它们发动进攻。一只野雁在飞行中向一只乌鸦撞过去，这对我来说可是个新鲜事。乌鸦对这样的进攻总是十分认真地对待，在战斗中拼尽全力，我们知道，灰雁的翅膀头的击打能力是非常有效的。

过了大约一个月，雏雁破壳而出。这时雄雁也出现在了巢边（图50）。我们无法说出，他们是怎么判断孵化时间的。显然这和“生物钟”没有关系，因为如果有人把他们的蛋换成了破壳时间要早得多的蛋时，父亲也能及时赶来，很可能他们是通过雏雁的声音得知孩子出世的消息的——也许是当他来到巢穴附近时直接听到的，也可能是母亲在听到孩子们在蛋壳里叫时把这个消息传递给父亲的。在雏雁出壳之前，母亲就已经开始和他们进行交流了。她用轻而急的嘎嘎声，即所谓的情感音，和蛋壳里的孩子们说话，而孩子们也已经掌握若干种声音来回应，可以告诉母亲他们的情况好不好。如果雏雁发出“哭音”，即所谓的“孤独的鸣叫”，母亲就用情感音安慰似的做出回答，而还没出生的孩子有时就会用问候的声音对此做出回应。如果一只雏雁在还没有啄破的蛋里哭，母亲的反应常常是把蛋翻转一下。如果雏雁已经钻出壳或者正要往外钻，雌雁就微微抬起身，把翅膀翘起来（图51），看着身下的孩子。有时她会非常小心地咬一咬它们。不过这时她特别感兴趣的是那些空蛋壳，她必须把它们迅速弄到巢

温顺的雌雁克莱西达允许我们来巢边看她，并对刚刚出壳的雏雁进行观察。这两只雏雁是大约半小时之前出壳的。他们的绒毛上还套着羽毛鞘。很快，这些羽毛鞘就会变成细灰脱落。左边的那只雏雁已经在用一只眼睛盯着看自己的母亲；右边的一只在咬巢边的干草。这两种行为方式对小雏雁来说都是至关重要的。一个是要认清母亲，另一个是要学会辨认可以吃和不可以吃的东西。

51

外去，因为对正在破壳而出的雏雁来说，它们便意味着危险。不过母亲们这样做有时也会导致不幸：一次我们看到一只雌雁把一个已经钻出一半的雏雁连同蛋壳一起从巢中扔到了水里。

在钻出蛋壳的第一天里，雏雁渐渐变得不安分起来。他们越来越频繁地从母亲的翅膀下面钻出来，尝试小小的远足（图52），不过只是离还趴在巢里的母亲不远的地方。接着，一个重要的时刻到来了。母亲站起身，一边发出情感音，一边非常缓慢地离开巢。雏雁立刻紧紧地跟在她后面（图53）。

在生命之初的日子里，小雏雁必须频繁地取暖，大约每15~20分钟就要有一次。他们常常从母亲的羽毛下面伸出头来，对着母亲的脸发出嘎嘎的问候声，由此也表示自己是家庭的一员（图54）。如果母亲站起来，开始走动，雏雁就紧紧跟在她的脚后（图55）。

对不同动物的母亲教给孩子的东西，外行人常常存有非常错误的想象。人们在书里看到，燕子必须教孩子飞行等类似的无稽之谈。对近乎所有的鸟来说，大多数延续物种的有意义的行为方式都是天生的，而对像灰雁这样一离窝就可以自己觅食的鸟来说更是如此。小雁啄食东西，把可以吃的东西吞下去，这些动作完全是天生的，但是什么是可以吃

雏雁们是在巢里，在母亲的翅膀下，度过出壳后的第一天的。此后，他们就开始尝试小小的远足，慢慢地为离开自己的巢作准备。这两只雏雁正努力地咬着草茎和小棍，尽管他们还什么都不吃。

52

这一家刚刚一起离开巢。在雄雁的带领下，他们游到了环绕着孵卵小岛的小支流的岸边。此刻，雄雁正站在妻子和孩子们身边保护他们。母亲一出水就马上趴在地上，好让孩子们钻到她翅膀下面。这些孩子却还没有感到累，好奇地啄起了岸边的干草。

53

如果雏雁觉得冷或者累了，他们就钻到母亲的羽毛下面，头使劲向斜上方拱。这样，他们常常就会像这个孩子一样，最终又从母亲身体上面钻出来。雏雁一看到母亲，就朝母亲的头所在的方向发出嘎嘎声，以示问候。

一个紧密团结的家庭对雏雁至关重要。只要母亲一动，他们就紧紧地跟在母亲脚后。

55

的，这必须学。在学习过程中，对母亲进行模仿的本能起着重要作用。在出生的最初几天里，孩子们非常认真地看母亲吃些什么，然后自己也去啄食同样的东西（图56）。以父母为榜样，这一点我们在观察阿尔玛带孩子的一年里有了特别清楚的认识。作为我们亲手养大的灰雁，阿尔玛非常清楚我们在喂养中使用的食物，当我们给她这样的东西时，她总是贪婪地大吃一通。与此同时，一只由亲生父母养大的雌雁也在阿尔姆湖边带自己的小雁。他们在泥炭藓上很难找到食物，我们真想给他们很好的雏雁食物，但他们就是不吃，

在生命最初的几天里，雏雁要了解哪些食物好吃，哪些不那么好吃。他们一方面通过啄食不同的植物来体会，另一方面通过仔细观察父母吃的东西来学习。

56

因为他们的父母不认识这种东西，因而也不接受它。当小雁离开巢时，沼泽岛（灰雁就在这里获取食物）上的睡菜（Menyanthes Trifoliata图57）和羊胡子草（Eriophorum L. 图58）也开花了。

几天后，小小的雏雁就能不可思议地跑出很远，而在水里就游得更远了（图59、60、61）。他们可以和父母一起走好几公里路。例如，从阿尔姆湖到我们的观察地带（在图1和别的地方都可以看到），他们就走了6公里。奇怪的是，雏雁出壳还没几天，灰雁一家就都表现出了强烈的远足欲望。

5月，在阿尔姆湖的沼泽岛和沙嘴上盛开着罕见的睡菜(Menyanthes Trifoliata L.)。

57

在同一个地方，同一时间还可以见到这种羊胡子草(Eriophorum L.)。

58

在阿尔姆湖上孵完卵的灰雁，家家户户都突然出现在欧伯甘斯尔巴赫，其他在下游的自然野生动物保护区里的大池塘上完成孵卵任务的灰雁也是如此。那一年，路卡斯和海克司夫妻俩带着5个孩子，踏着厚厚的积雪，离开自然野生动物保护区，最后只有3个到达欧伯甘斯尔巴赫。我们可以推测，对这一迁徙起决定作用的是灰雁对欧伯甘斯尔巴赫的渴望，因为他们中的许多都是在那里度过童年的。只有一对在欧伯甘斯尔巴赫孵完卵的灰雁夫妻带着自己的孩子搬到了阿尔姆湖，夫妻中没有一个是在欧伯甘斯尔巴赫长大的。

迁徙是危险的，雏雁常常在途中遇难。不过，从另一方面来看，灰雁的这种行为也很有意思。每年都有几对灰雁从阿尔姆湖迁徙到欧伯甘斯尔巴赫，这便使西比勒·卡拉斯开始对此进行进一步研究。灰雁大多清晨就动身，只有一次是在傍晚时上路的。那是1977年，迁徙者是塞尔玛和她的9个孩子以及新伴侣阿多。塞尔玛和阿尔玛一样，也是卡拉斯夫人养大的，她也像阿尔玛一样依恋卡拉斯夫人。西比勒·卡拉斯知道灰雁已经上路，就迎着他们走去。路上她发现他们被流速特别急的水流困在一个岛上，显然哪一只雁都不敢下去。她耐心地引诱了他们两个小时，却是徒劳；灰雁一次次走向岸边，试图下水，却又转身回去了。这时西比勒干脆抓了他们的3个孩子，把他们带

在这张照片上，一家子跟着小船向前游。温顺的塞尔玛想吃我们手里的东西，孩子们也和她一起过来了。比较胆怯的阿多紧随其后，向我们发出威胁。

59

只过了几天，小小的雏雁就能游出相当远的距离，真令人感到惊奇。

60

过河，然后在岸边把他们放开。他们的爸爸妈妈马上就跟过来了，接着他们就想带着孩子们沿一条有许多汽车驶过的街道，返回欧伯甘斯尔巴赫的家。卡拉斯夫人立即对他们的这一行动进行了阻止。她把他们赶到水边，一家子马上下了水，安安静静地顺流而下，朝欧伯甘斯尔巴赫方向游去。由于阿尔姆河流得比长腿的西比勒跑得还快，灰雁

灰雁大多游着走过较长的路程。这时，常常是父亲带着全家，就像这张照片上的阿多。为了一家的安全，他游在最前面，塞尔玛则跟在孩子们后面。

61

很快就把她远远甩在了后面。这时塞尔玛就从远处发出了呼唤声，然后雁群就待在原地不动了，一直等着西比勒赶上来。此后，当灰雁再次想到街上走时，又受到了西比勒的阻挠。这条街虽然正好是通往欧伯甘斯尔巴赫方向的，而且走起来很舒服，但其危险性是灰雁无法估计的。于是他们就沿着一条小路穿过树林。这条路只有母亲走过，而且是在小时候从相反方向走的，尽管如此，他们也没有迷失方向。夜幕降临时，大部队才到达欧伯甘斯尔巴赫。一到了这里，阿多和塞尔玛就先轻松地洗了个澡，然后到西比勒的小木屋里吃晚餐，最后到一个安全的小岛上去睡觉。遗憾的是，西比勒和野雁进行的这次伟大的旅行没有留下图片记录，因为她在路上要多次涉水穿过阿尔姆河。湍急的河水都没过了她的腰，她没带着宝贵的照相机，那还真是运气呢！

第四章　烙　印

孩子和母亲之间初次交流的结果是一个至关重要的过程，它既不会重复，也无法取消，我们称之为烙印。新生雏雁的本能行为永远和喂养者连在了一起。为了成功地扮演母亲这个角色，喂养者必须准备在几周时间内把自己的时间全都奉献给她的孩子们。

▶ 在生命最初的日子里，灰雁的兄弟姐妹们就开始建立社会等级制度了。他们最初的争斗常常发生在清早，甚至是在凌晨，所以我们一直没有观察到。1971年，卡拉斯夫人终于发现了这一秘密。小雏雁突然开始激烈地打斗起来，在某种程度上，大多是群雁混战。

父母对这一过程的反应非常奇怪，他们显然觉得这一切很可怕。他们激动而紧张地看着争斗的雏雁，常常张开翅膀，发出嘶嘶声，这就是说，他们的表现就好像是突然发现一只小猛兽窜到了雏雁中间似的（图62）。但他们从不阻止雏雁的争斗。只有逃出战斗的处于劣势的雏雁想钻到母亲翅膀下面时，母亲才会提供消极的保护。

在战斗中，小雏雁已经完全使出了成年灰雁的那些作

在生命中最初的几天里，雏雁们开始为自己的社会地位一决胜负。母亲好奇地看着他们，却从不加以干涉。

62

战动作。他们已经像成年灰雁一样会咬，会拉扯对手的羽毛（图63）。他们也试着完全像成年灰雁那样相互用翅膀头去撞击对方。然而这是没用的，因为他们的小翅膀还太短。他们用喙咬住对手朝自己拉，停住的位置按照成年雁的比例恰好是自己的利器能击中对方翅膀的地方。他们也像成年雁一样把一只翅膀屈起，但由于他们的小翅膀太短，只能拍打自己的侧身。为了保持平衡，他们也像成年雁一样把另一只翅

争斗中的雏雁咬住对方脖子上的毛，试图用翅膀头去击打对方，跟成年灰雁的争斗方式完全一样。

63

膀伸向后面（图64）。

孩子们只要在母亲的翅膀下找到地方，就可以在那里取暖（图65）。在他们想取暖时，他们就发出轻轻的颤音，就是所谓的睡眠音，然后从后面挤到母亲身边。在强烈的阳光下，如果雏雁觉得太热了，就常常卧在父母的阴影里，条件是父母能够长时间站立不动。而父母也的确常常如此——至于他们是否有意让孩子们得到阴凉，我们就不得而知了（图66）。唯一一

右面这只雏雁正抡起翅膀，打算用翅膀头击打对方，却没有打中，因为他的小翅膀太短了。

64

现在阿尔玛的孩子已经出生14天了，母亲的翅膀下面变得有些挤了。

65

种的确是出于这个原因而站立不动的鸟是白鹳。

或许这里我们应该简单介绍一下有关灰雁父母带小雁的事。在最初的几天里，提议出去走走并决定方向的几乎只是父母，不过，就是在这一时期也只是“几乎”如此！孩子们越大，他们就越喜欢独立行动。当他们觉得天气太热时，这一点就表现得尤为明显了，特别是在羽毛开始长出来的时候，因为这时小雁在某种程度上是披着两层毛。这样，在父

在骄阳似火的中午，雏雁喜欢趴在父母的阴影里。

66

母觉得温度适宜的地方，他们就很容易感到太热。于是他们就坚决地走进荫凉，并通过持续的哭腔强迫父母跟他们一起过来。随着年龄的增长，小雁对雁群集体行为的影响就更大了。令我们特别感兴趣的是父母以后对小雁会产生怎样的影响。一个可爱得让人心动的小雏雁（图67）在4~5天后就换成了另一副完全不同的表情，这一点从我们为一个4天大的小雁拍的照片上就可以明显地看出来（图68）。

小灰雁总是长得圆乎乎、绒嘟嘟的，看起来就像一团蓬松的柳絮。

67

刚刚出生4天，雏雁就已经有了一副“成年雁的面孔”。

68

雏雁的行为方式也像他们的外形一样变得很快。当我们看到一个可爱的小绒球很快就变成一只骄傲的鸟，高高地飞在天上时，我们总是感到惊讶。个体行为的发展以及灰雁家族的结构，尤其是他们的交流方式对我们来说都至关重要。灰雁父母把自己的孩子带回到自己童年时生活过的地方，并把他们在欧伯甘斯尔巴赫养大，而且他们的人类养母也和自己照料的雏雁生活在一起。由此我们就可以进行特别好地比较，从中发现我们在教育灰雁时可能犯的错误。一位年轻的女同事，哥伦布·史密斯（Colombe Smith）曾经用极其严肃的口吻对我说：“我还得学很多东西——从海克司那里。”海克司就是那只踏着厚厚的积雪，带着孩子从野生动物保护区来到欧伯甘斯尔巴赫的雌雁。

本书图1中再现的就是欧伯甘斯尔巴赫的风景。在那里工作的年轻科学家都住在非常迷人的小木屋里，那是森林技术员许特迈耶设计并在我们的池塘边建造起来的（图69）。

从阿尔姆湖迁来的灰雁家族也到为人工喂养的灰雁准备的食槽边和他们一起吃东西（图70、71）。在小木屋和池塘周围生长着美丽的植物。紧挨着小木屋周围盛开的是小檗（Berberis Vulgaris L. 图72）、龙胆花（Gentiana Clusii L. 图73）和在别的地方已经变得罕见的小鞋兰（Cypripedium Calceolus L. 图74）与水仙（Narcissus Poeticus L. 图75）。

西比勒·卡拉斯在欧伯甘斯尔巴赫的小木屋门口。从3月到9月，研究灰雁的科学家及其助手就住在这间和另外两间小木屋里。在这里，除了可以不受干扰地喂养小雁，也可以观察格吕瑙雁群中其他灰雁的行为。

69

阿尔玛、马库斯和他们的3个孩子弗里卡、阿斯特罗和奥莱尔毫无怯意地来到小木屋这里吃东西。父母已经脱去了翎毛，孩子们则已经长出尾羽和鞘翅羽。

70

在吃一只小碗里的东西时，父母总是让着孩子们。

71

在阿尔姆山谷地势高的一端，森林边缘和林中空地上的灌木中最具代表性的是这种小檗（Bieberis Vulgaris L.）。在一段时间内，它大量的黄花可以在整个地区散发出典型的浓香。

72

最后这种花在灰雁的草地上开得特别好，因为灰雁不碰它们的叶子，只吃周围的草。

在这个迷人的地方，每年都有一群灰雁和人奇特地生活在一起。几家灰雁，特别是父辈是兄弟、父子或者彼此交好的朋友的家族，总是把他们的孩子放在一起养，就像幼儿园一样。虽然各家的孩子不会混杂在一起，而且一个需要取暖的雏雁永远不会找错母亲，钻到另一只雌雁的翅膀下面，但是这些家庭一直保持着非常密切的联系。这样，在危险到来时，他们就可以组织一次有趣的联合抵抗行动。如果一只猛禽朝雁群冲来，每一家的雏雁就都立刻紧紧地挤作一团，而

73

74

75

在欧伯甘斯尔巴赫的小木屋周围盛开着龙胆花（Gentiana Clusii L.）、小鞋兰（Cypripedium Calceolus L.）和水仙（Narcissus Poeticus L.）。

阿尔玛的孩子们已经出生5个星期了。除了翎毛以外，他们的羽毛都几乎长全了。这个年龄的灰雁颈部和脑后还留着黄色的绒毛，让他们的“发型”常常显得怪怪的，有些可笑。

76

所有的父母都会展开翅膀把他们围在中间。借助激动的尖叫和嗞嗞声，他们很可能连巨大的强盗都能吓退。我们是通过一只玩具苍鹰引起这一反应的。它随着一条拉紧的金属线上的滑轮向雁群滑去，为此我们拍出了很好的一卷胶片。

那些由我们养大的灰雁父亲以及少数其他稍为驯顺的灰雁父亲常常会和带小雏雁的人类喂养者交朋友，就像他们去拜访雁群中其他带雏雁的父亲一样。于是就出现了一种充满诗意的共同生活（图76）。当然，带小雁的青年科学家的举止行为完全是以灰雁为榜样的。当这样一个由灰雁和年轻人组成的群体悠闲地漫步时，那情景真是又奇怪，又令人高兴。

几周时间后，雏雁的绒衣终于为羽毛所取代。这些羽毛是从发出绒毛的同一突起中长出来的，所以日益变长的羽毛的尖端最初还顶着绒毛，直到它最终脱落。这些绒毛在后脑和脖子上部存留的时间最长。当孩子长大到不必再到母亲的翅膀下面取暖时，父母也就失去了自己的翎毛（图77）。健康的灰雁几乎同时脱掉所有的翎毛，这大多发生在灰雁拍打翅膀或清洁自己的身体时。虽然再也不能飞，一家之主仍会继续完成保护和照顾全家老少的任务。这只紧张地侧耳倾听森林里的动静的雄雁（图78），他是阿尔玛的丈夫——马库斯，已经没有一根翎毛了。在翎毛

每年6月，灰雁都会失去自己所有的翎毛，无法再飞行，直到大约4周后新的羽毛长出来。一只健康的灰雁是一下子脱掉所有翎毛的，大多是在他们整理或摇动羽毛的时候。

77

当阿尔玛和孩子们整理羽毛时，马库斯就紧张地警惕着森林里的动静。

78

脱落快1周时，每当雌雁清洁身体，我们就可以看见她的新羽毛已经长出好长一段了（图79）。再过3~4周时间，父母就又能飞了，与此同时，小雁的翎毛也要再长上2.5厘米。从时间上来看，这正和小雁会飞的时间相吻合，而这也正是大自然了不起的恰当安排。

在整理羽毛时，阿尔玛把一只翅膀从体侧羽毛中抽出来。我们可以清晰地看到蓝色的羽毛管，其尾端已经破裂，为新的翎毛让位。大约3~4周后，阿尔玛就又能飞了。

79

对现在的小雁来说，一个有些危险的阶段也随之开始了。虽然他们不必学习本义上的飞翔，起飞时动作的协调、径直前飞、急停和降落等都完全是天生就会的，但他们必须学习正确测量空间距离、高度落差，特别是判断风的情况。小雁必须认识到，只能迎风降落，在顺风中降落就会摔个可怕的跟头。人类喂养者可以这样减轻他们的学习压力：当他们低空迎风向他飞来时，我们尝试引导他们降落——迅速蹲下或者趴在地上，小雁对此所做出的反应就像看到带自己飞行的父母降落一样。在某种程度上，他们会不惜任何代价地随之降落。可以理解的是，父母降落的时机有时也不让人满意，因为如果他们降落过早，就会带来这样一种危险，即不敢降落的小雁会失去和父母的一致。在小雁学习飞行的过程中，我曾经做过一次有些残酷的实验：我用上面描述的方式促使小雁顺风降落，而这肯定会导致一次“坠机着陆”。虽然当时我带的4只小雁都没有受伤，但他们却显然失去了对我的信任！此后我再也无法通过迅速蹲下让他们着陆了。

西比勒·卡拉斯证明，父母对刚刚会飞的小雁有着一种非常有趣的影响。如果孩子们想飞，而且通过晃动嘴巴，展开翅膀来表明自己的飞行意愿时，父母就会发出警告的声音，借此阻止他们起飞。我们从自己养大的小雁身上了解到，在翅膀尖还没长到在翅膀合拢时能够交叉的长度之前，他们就已经能飞了。这时他们常常独自飞走，不幸也就偶有发生。一次，一只小雌雁在3米高的地方撞到了墙上；那里还留着他为了止住飞行向前伸出的爪印，它的尸体就在正下方。死因是肝脏破裂。

这样的事故在很大程度上可以通过父母的警告或者制止加以避免，因此与由人养育的小雁相比，由亲生父母养大的小雁遭遇此类事故的可能性要小得多。此外，父母还会以其他方式来阻止飞行事故。如果小雁不顾父母的阻止仍是飞上了天空，父母会马上跟上去，并立即开始对其进行引导并决定降落地点。由于父母自己的翅膀也有些短，他们飞起来都很小心，尽量不做急转和急停动作，从而给自己的孩子以非常有价值的引导，当然他们自己并不知道这一点。他们尤其要告诉孩子哪里适于着陆，并指出不受任何损害就能到达那里的路。在图80中您可以看到，这只正在向另一家灰雁发出威胁的母亲已经长出了新的、相当短的初级飞羽。

在刚刚会飞的时候，灰雁的羽毛是最美的（图81）。它的每一根羽毛都是同一时间长出来的，每一根都那么新，在这种鸟以后的生命中再也不会有这种现象了。而尾翼上的羽毛，即所谓的小翼羽，更是异常美丽。在灰雁飞行中，特别是在减速和下降时，这种羽毛和飞机上的起落架起着相似的

孩子们睡觉时，阿尔玛喜欢站在一个较高的地方站岗放哨。这里，她正向一家陌生的灰雁发出威胁的嗞嗞声。

80

这里，我们在亲手养大的雌雁辛达（阿尔玛的一个姐妹）身上看到美丽的刚刚长完的青春羽毛。

81

作用（图82）。最初，在已经长成的覆盖羽毛尖上还留有第一批绒毛，那是刚刚出壳的雏雁的衣服（图83）。当它们脱落的时候，灰雁的羽毛就光滑得无可挑剔了（图84）。

不仅鸟的羽毛值得一看，就是他们的脚也一样。覆盖其上的鳞皮是爬行动物谱系（鸟类就是从中进化而来的）的古老遗产（图85，86）。灰雁脚上套的环是用来识别他们的

如果灰雁把翅膀抬起来，我们就会看到特别美丽的弯成镰刀状的尾翼。

82

在青春羽衣的覆盖羽毛的尖上还存留着雏羽，因为这两种羽毛是从同一个突起里长出来的，就是说，羽毛把绒毛挤出来了。

83

当最后一批绒毛脱落时，青春羽衣就无可挑剔地光华平整了。在这一生中，灰雁再也不会有这样匀称的羽毛，因为他们的羽毛再也不会是在同样的时间里长出来的，毕竟小羽毛的换毛期6月底才开始，那时，翎毛就已经长出来了。

84

我们所有的灰雁都戴着拉多夫采尔鸟类研究所的1个带数字的铝环和3个彩环，从其组合方式中我们可以解读出这只灰雁是哪一年出生的，也可以读出他的喂养方式和所属家庭。

85

86

标记。这种铝环是研究鸟类迁徙的拉多夫采尔鸟类研究所制造的，那里对所有脚环的数字都有记录。如果有人在遥远的地方找到了我们的灰雁，他们就会通知我们。如果他们还活着，我们会不惜重金让人把他们平安地送回来。彩色的赛璐珞环是每一只灰雁独有的标志，铝环上面的那个环记录着灰雁是哪一年出生的。

由于灰雁的一家长期生活在一起，他们特别适合作动物心理学，尤其是社会学研究的对象。大多数野雁在会飞之后就不再和父母保持联系，而灰雁却保持着密切的家庭关系并积极参与父母和别家灰雁的争执（图87）。这里，不足7周大的雄雁，著名的阿尔玛的儿子，正站在一家的最前面威胁着向敌人走去。根据我们上面关于翅膀换羽之事的描述，我们可以从小英雄的青春羽毛以及父母短短的翅膀尖（他们还没有长够长度）上看出他的青春年少。通过参与家中所有的纷争，小雁清楚地了解到自己的父母在雁群中处于怎样的地位，继而他们便自动认为自己也是属于这个位置上的。当这样一个半大的小雁狂妄地朝一只成年雄雁走去，试图把他从食碗边赶走时，那情景看起来是相当可笑的。不过，只有在他的一家，特别是他父亲位于不远的地方时，他才能够得逞。我曾看见，地位高的家庭的孩子在离家人很远的地方惨遭地位较低的灰雁殴打。

孩子们越大，灰雁的一家也越来越不再回避其他灰雁。当处于换毛期的非孵卵者回到阿尔姆湖时，孩子们就知道了自己一家的地位。很快，他们就会和父母一起威胁着其余灰雁。

87

小雁一旦完全具备飞行能力，小羽毛就开始换毛，老雁比小雁要早些。图88上是一只带着两个完全能够飞行的孩子的雌雁。左前面是母亲，从她身上可以清楚地看出，已经开始换羽：深色的新羽很容易辨别。

当小雁完全具备飞行能力时，父母就开始带他们到较远的故乡去远行。常常是几家的父母和孩子结伴而行。图89

洗澡之后，常常是在正午时分，灰雁便彻底清理自己的羽毛，特别是在他们换毛的时候。这一点从落在地上的羽毛就可以看出来，他们用嘴把角质套从新的羽毛上弄掉。

88

小雁最初进行的旅行是从欧伯甘斯尔巴赫沿着阿尔姆河向上游或下游飞。当他们只是飞很短的距离时，不会编成典型的三角形。

89

上的灰雁正飞离我们的池塘，到阿尔姆湖去。在最初的这些远行中，灰雁通常不在遥远的地方停息，而是不经着陆就飞回我们的池塘（图90）。这时正是剪秋箩（Melandrium Rubrum，图91）盛开的时节。当学习飞行阶段没有任何损失地结束时，我们感到由衷的高兴。对此前发生的一切我们总是感到惊奇，在4周的时间里，一枚蛋竟变成了一只毛茸茸的小雏雁，他会哭泣、问候、悲哀与高兴，能够亲近一个生命，不管那是人，还是灰雁。每年，我们都再次惊奇地看着在此后的8周里，可爱的小绒球变成了一只成年灰雁，他们排着整齐的队伍高高地在空中飞翔，从不畏惧风暴。

这时，我们的池塘上突然出现了很多灰雁。是还没有繁殖能力的一岁和两岁的小雁从阿尔姆湖回来了。在换毛期间，他们就在那里平静的湖湾中，在辽阔的湖面上过着秘密生活。那些到外面孵卵的灰雁也回来了。伊克斯和她的丈夫拉契尼——用我的朋友上校拉契尼的名字命名，他也喂养着一群雁——在西姆湖边的格拉斯岛（离欧伯甘斯尔巴赫的空中距离有200公里）上孵卵。秋天时，他们带着孩子们返回阿尔姆山谷，在我们这里过冬。还有另外一家也来到这里，只是我们不知道他们是在哪里孵卵的。这时，阿尔姆山谷里就会有许多灰雁，许多的叫声和许多的激动，因为所有灰雁的

当小雁结束飞行练习返回时，常常会遇到困难。他们从阿尔姆河河床起飞，越过岸边的树木，然后要垂直落在我们的池塘和草地上。在滑翔中，那些技术不熟练的灰雁常常失去平衡，从一边翻到另一边。与此同时，他们会发出痛苦的哭声。

90

剪秋箩（Melandrium Rubrum）玫瑰红的花朵是五彩缤纷的夏日草地上典型的风景。

91

头脑都为迁徙的本能所占据，包括那些不会飞走的。尽管我们知道他们不会这么做，可是当他们在空中飞行时，我们仍是有些担忧地望着他们。

以前，阿尔姆山谷里没有野雁，即便有，也只是在这里稍事休息的匆匆过客。在我们搬进来之前，我们只在阿尔姆山谷里见到过零星的豆雁，一只是1974年暂时在阿尔姆湖上逗留的，另一只是1977年9月突然出现在那里的。他和我们的5只豆雁结为朋友，直到今天还留在这里。这只豆雁刚来的时候还身着第一件青春羽衣，肯定是出于偶然离开父母的；另外一只豆雁很可能也是这样来到这儿的。

后来，我们把灰雁带到阿尔姆山谷。虽然建立一个自由生活的雁群需要做很多工作，但如果不怕辛苦，就肯定会成功。建立野雁群的第一步是孵卵：所有的生命都从蛋里诞生。尽管进行过多次实验，我们也没有真正搞清楚如何用孵卵器孵化灰雁蛋。不管怎样，在用家鹅来孵卵时，我们取得了更好的成就。这些经过长年驯化变得愚笨的生物其实也不再会孵卵，或者这样说，它们已经失去了引导野雁孵卵的准确的本能，这种本能我们前面已经讲过。如果喂养者完全让家鹅自己去孵卵，它们很少会离开自己孵卵的岗位；即便它们这样做了，也不总是到水里去游泳。它们常常时间不长，就又回到巢里，羽毛还是干的。如果想用它们来孵化野雁蛋，就必须定时用强力把它们从巢里扔出去，不过必须注意一点：家鹅咬起人来非常可怕，如此强制进行孵卵间歇常常使喂养者的手上多一个不舒服的血泡。然后人必须用水喷这些家鹅或者把它们扔到水里，以便能给巢里带来足够的湿气。另外，喂养者最好自己翻转灰雁蛋，因为孵卵的家鹅在做这件事时也不那么可靠。

然而我们无法回避使用孵化器。因为，如前所述，雏雁对他们的人类喂养者的依恋是人让他们在某个地方定居下来的前提。要想得到这样天真的依恋，人就必须在雏雁一出壳，甚至在出壳的过程中，就开始对他们进行哺育。其实在雏雁从蛋壳里钻出来之前，就已经借助声音，在某种程度上是借助彼此的问答而开始了与外界的交流。在蛋的钝头上是气室，每个人在敲开他的早餐鸡蛋时都会看到它。由于它的存在，人总是理智地在钝头敲开鸡蛋。众所周知，世界上也有唱反调的人，他们偏偏从尖头打开鸡蛋。我们在斯威福特的小说《格列佛游记》中读到，这种意见不一在利立浦特国还导致了一场战争。

破壳而出的第一步是，雏雁用喙把气室和蛋里的其他内容之间的膜切断。此后雏雁就开始用肺呼吸，此前它的氧气供应一直是通过卵膜中的血液循环得到保证的。雏雁一开始用肺呼吸，就开始发出声音：当蛋的温度下降时，他就发出哭泣声，即孤独的多音节尖叫声，这时如果人用安慰的口吻和他说话，他就会用双音节的声音发出“问候”。和一只还四面封闭的蛋进行这样的交谈总是会给人留下深刻印象。

如此再过几个小时，蛋壳上就出现了第一个洞。这个洞绝不是“啄”破的，蛋壳是被破卵齿从里往外挤破的。在出壳时，雏雁沿着蛋的纵轴转动，同时用破卵齿挤压蛋壳。这个破卵齿是颗真正的牙，是鸟类还拥有的唯一的牙，也是爬行动物谱系的一个古老遗产。爬行动物也有一颗破卵齿，和鸟类一样，也不在嘴里，而是在鼻子尖上。任何一只幼鸟都不会“啄”蛋壳，因为蛋里没有那么大的空间。他的头奇怪地向后伸到一只翅膀下面，以至于他要用额头和喙挤压外壳和蛋壳。当肌肉非常发达的颈部伸直时，破卵齿就向外顶，在蛋壳上弄破一个小洞。同时小鸟还会沿蛋的纵轴转动一下，以便破卵齿能够移动到另外一个地方。

这一工作绝不是在一个没有任何间歇的过程中完成的。在击破第一个洞以后，雏雁常常就开始休息较长一段时间。此外，夜里他也会停止这一活动。或许这样做是合适的，因为那时母亲也要休息。母亲的帮助虽然很有限，却十分重要。

当雏雁终于把蛋壳的钝头一端击破了一圈缺口时（图92），他就会伸直脖子，把整个头顶露出来（图93）。这时如果他把脚也伸直了，就很容易从开口里钻出来了（图94）。

刚刚出壳的雏雁看起来湿漉漉的（图95），和许多别的长绒毛的幼鸟一样。之所以会给人这样的印象，是因为绒毛在蛋里被细小的角质套所包围，而这些角质套限制了绒毛的生长。角质套很快就变干脱落，只留下细细的一层灰，这时绒毛就开始成倍增长了（图96）。令人惊奇的是，这么大的灰雁之子怎么会在那么小的蛋里存身。此时，在他们的喙的尖段，破卵齿还清晰可见（图97）。

这只雏雁几乎已经完成了一半的出壳工作：他已经在钝头撞开了半个圆。我们已经能看到还插在角质套里的绒毛。原本白色的灰雁蛋经过孵卵期后已经变成微微发亮的，看上去有些脏的黄褐色。这是因为母亲不断用带油的翅膀摩擦它。这种摩擦对蛋壳的透气性很重要。这些蛋都是家鹅孵出来的，只是在雏雁快出壳时，才放到孵卵器里。

92

这只雏雁伸直脖子，把蛋壳顶开。通过双腿的蹬踏动作，他很快就完全从蛋壳里钻出来了。

93

这只雏雁刚刚钻出壳，因巨大的努力而疲惫不堪，于是就先躺上一会儿。但很快他就抬起头来，试图钻到母亲的羽毛下面，嘎嘎地向对自己说话的人发出第一声轻轻的问候。

94

刚刚出壳的雏雁的内脏里还有相当多的卵黄，靠这些卵黄他们可以存活几天。他们必须在耗尽自己的营养源之前学会识别食物。雏雁一离开巢，就开始对可吃的东西感兴趣。他们啄食所有可能的东西，并不像我最初想的那样对绿色的东西有着本能的偏爱。他们主要啄食小东西，与此同时，他们也像成年灰雁一样完成所有撕扯、咬断和吞咽植物的动作。至于什么是这些动作的正确目标，他们还得学习（图98）。人类喂养者可以帮助他们找到正确的食物，他们可以用手指去碰撞正确的食物来进行引导。引起我们注意的是，那些由人带大的雏雁一见到路上或街上的小水坑就贪婪地扑过去，在里面努力地完成把头探进水底觅食的动作。不过，他们从来不在满是淤泥的自然池塘里这样做，而只在小路或街道上的水洼里寻觅。直到过了一段时间我们才明白他们在找什么：灰雁的胃肌肉发达，其内膜是坚硬的角质，他们可以借助吞下的小石子磨烂多纤维的植物。雏雁在路上的水洼里找的东西就是适合留在胃里的小石子。在我们早期喂养灰雁时，我们的雏雁的绒毛在游泳和洗澡时不够防水，不像由亲生父母抚养的雏雁那样总是干干爽爽的（图99）。我们很容易就想到，我们的雏雁毛上缺油，这层油一般是小雁在钻到母亲的羽毛下面时蹭到的，而母亲的羽毛上肯定有油。小雁尾巴上的油腺要几周以后才开始起作用，于是我们就认

当你把一只刚出壳的雏雁捧在手里时，他还不能挺直脖子和头，小翅膀也垂在身旁。

95

在雏雁闪亮的黑色小嘴的尖上是黄色的破卵齿，雏雁就是用它把蛋壳撞破的。几天后，它就脱落了。

96

当孩子钻到母亲的翅膀下面，在他的羽毛上摩擦时，角质套脱落的过程就自然完成。刚刚还湿漉漉的不那么漂亮的雏雁就成了一个毛茸茸的稍带绿色的黄色小绒球。

97

这只小雏雁已经会做所有成年灰雁的觅食动作，只是在最初的几天里它还没有力量把草茎和杂草拽断。不过，这没有关系，因为在大约3天内它可以靠卵黄囊里面的营养来生存。

为了让羽毛防水，雏雁的绒毛必须在母亲带油的翅膀上受到摩擦。当母亲把孩子护在自己的翅膀下面时，就会出现这一结果。而人养大的雏雁不具备这种条件，于是他们的绒毛就没有野生雏雁的防水性能高——这只雏雁也是这样，他脖子和翅膀上的毛都湿淋淋的粘在一起。

99

由人养大的雏雁纳塔莎的绒毛也不完全防水，所以他总是特别彻底地整理自己的羽毛。图中是他在擦干尾羽脂腺的分泌物的动作，尽管在他这个年纪脂腺还没有开始起作用。

100

为可以通过“挤”成年灰雁的尾腺，把所获的油涂到小雁身上，就可以解决我们正在议论的这个问题。然而他们却变得比以前更湿了。慢慢地我们才发现，灰雁宝宝们的防水性不是借助母亲羽毛上的油形成的，而是通过带电形成的。当小雁把自己的绒毛在母亲的腹部羽毛上摩擦时，他们的毛就带上了电。这时我们也明白为什么灰雁和有防水性的水鸟总是不停地清洁自己的羽毛（图100）：他们这样做是为了重新让羽毛带上已经跑光的电，从而重新获得防水性。当我们明白这一道理时，我们就用一块干净的丝巾彻底摩擦我们的小雏雁，看呢，他们和由亲生父母带大的孩子一样防水了。

在小雁的成长过程中，所有这些照顾措施都不像对他们的精神关照那样不可或缺。我已经说过，母亲和孩子之间的交流，在雏雁在蛋壳上击破第一个小洞之前就已经开始了。雏雁出壳后，这种交流就不断加强，同时也越来越重要。雏雁在出壳后几分钟后就试着抬头。一旦成功，他就开始对喂养者对他说的话做出反应，不仅通过声音，而且通过问候的表情。这就是说，他抬起头，伸直脖子，过了一段时间，当他能够通过视觉定向时，他就开始朝着声音传出的方向发出问候，这时他也能看到喂养者的动作了。然后他会用引人注目的注意力朝这个方向看，人马上就会产生这样的印象，他想记住抚养者的样子，特别是当人从上面俯身看着雏雁时，他会歪着脑袋用一只眼睛仰视喂养者。这个印象是完全正确的：小雁天生就带着这样一个信息，用语言来说，应该是这样："谁对你孤独的尖叫发出回应，谁就是你的母亲，好好地记住她！"

孩子和母亲之间初次交流是一个至关重要的过程，它既不会重复，也无法取消，我们称之为"烙印"。即便这一交谈只在人和雏雁之间进行了很少的几次，也会产生这样的结果：新生雏雁的本能行为永远和喂养者连在了一起。至于这一联系有多么牢固，在我把第一只刚刚出壳的灰雁从家鹅身下拿出几分钟，让他进行了几次上述的问候后，我就知道了。这只雏雁始终固执地拒绝把家鹅看作自己的母亲；他坚信我是他的母亲，这一点什么都无法改变。

为了成功地扮演母亲这个角色，喂养者必须准备在几周时间内把自己的时间全都奉献给她的孩子们。人只要离开片刻，他们就会绝望地开始“哭泣”，这就是说，他们会发出所谓的孤独的尖叫。那是一个呼救信号，父母会马上对此做出反应。人类喂养者也必须这样做，否则雏雁就会真的患上神经机能症，至少他们会表现出行为紊乱，那样就不再适合做这一物种的社会学研究对象了。

如果喂养者想让自己的孩子们精神健康，就必须和他们共同度过许多时间，这就迫使科学家们要长时间地逗留野外。他可以分享孩子们小小的欢乐和痛苦。当他们走进荨麻中绝望地“哭泣”时，他微笑着向他们表示同情；当他们边吃小兔爪（图101）——种美丽的植物，边发出“好吃”的声音时，他会感到喜悦。

在天气好的时候，雏雁的人类养父母在温暖的阳光中工作，看起来像是在郊游（图102，103）。但在瓢泼大雨中，就是外行也会明白，每天24小时都和灰雁在一起，可就是一项艰巨的任务了。在图104中，我们可以看到小雁羽毛上的雨点，而他们的羽毛可比他们养父母的雨衣的防水性能好得

小兔爪（Trichophorum Cespitosum）是小雏雁特别喜欢吃的一种植物。

101

一个灰雁观察者必须具备的最重要的性格是耐心。如果他觉得在灰雁身边坐上几个小时，和它们一起活动很无聊的话，他就不适合做这个工作。

102

在炎热的夏日里，带着一群小雁在美丽的风景中游戏，在任何一个局外人看来都一定是种纯粹的娱乐活动。事实上，这却是让人头疼而疲惫的，因为人必须时刻准备满足自己的孩子们的需求。

103

如果接连几天或几周地下雨，带小雁就是个艰苦的工作了，因为这样的天气和阳光一样让小雁感到惬意，他们坚持从日出到日落都待在外面。

104

多。灰雁抵御恶劣气候的能力非常强，就是雷雨他们也都不太在乎，只有下雹子时，他们会向天空翘起嘴，使得冰雹不会垂直，而是斜着落到他们的头顶上（图105）。

在我们的阿尔姆山谷里，天气变化常常非常突然。彩虹（图106）是极受欢迎的，因为它是好天气的标志。

当猛烈的阵雨或者冰雹从天而降时，灰雁就让羽毛紧紧地贴在身上，向上伸着脖子和头，好尽可能减小暴雨或者冰雹击打身体的面积。此外，他们这样做也可以避免让雹子垂直砸在头顶上。

105

在猛烈的夏日暴雨过后，依然浓云密布的山谷上方常常会出现彩虹。

106

第五章　旅行的意义

当我们在依然昏暗朦胧的山谷中，透过雾层的一个缺口，看着灰雁高高地飞行，身上披着朝阳斜斜的光束，当灰雁冲破雾气，在雾层下面出现，落在沙岸上，扇动的翅膀把岸上厚厚的积雪搅得四散飞起，那情景多么扣人心弦啊！

▶ 养父母的义务还包括让灰雁孩子有必要的方向感。为了这个目的，我们必须和灰雁一起进行远足旅行。对小雁的人类养父母来说，这是最累人、最激动的事，也是一年中最美好的时节。从一开始，我就想不仅要让小雁认识欧伯甘斯尔巴赫的池塘，而且要认识阿尔姆山谷中所有归我们使用的部分。但带着小雁走这么远的路程，显然是行不通的，于是我们就必须等我们的孩子长大到能够毫不费力就走完这一段路程时，再给他们上这种地理课。这就是说，我们要在他们快会飞的时候才能开始。

带领灰雁们离开欧伯甘斯尔巴赫总是一个棘手的、无聊的工作，因为灰雁是种非常保守的生物，他们很不喜欢冒险到陌生地带去。雁群的所有喂养者再加上我自己（在灰雁眼里，我在某种程度上是他们的叔叔）不得不长时间地引诱和等待，直到灰雁慢慢决定和我们一起离开欧伯甘斯尔巴赫，走上新的道路。如果这一步完成，小雁就会踏上他们陌生的土地，这时他们就会非常努力忠实地跟在我们脚后，如果被落下得稍远一些，他们就会马上开始哭。在新环境里，他们还很害怕，熟悉的人对他们来说是唯一值得信任和使他们安定的对象。正因为这个原因，走进陌生地带这一行动会增进人与雁之间的联系。刚刚得到一只狗的人也可以利用这一经验：如果你得到一只小狗，而它的年龄又大得已经不适合建立一个理想的狗与主人的关系，你最好就带着它到尽可能远、尽可能陌生的地方去旅行。狗天生就能走很远的路，它们喜欢跑，你和它走得越远越快，就越容易建立理想的关系。

灰雁则不同。最初，当我们把他们引诱到陌生的领域，而他们也如此乖巧而匆忙地、几乎以一个正常散步者的速度跟在我们后面时，我们就错误地利用这一契机，很快走完了很长一段路——人都已经不耐烦了。但很快我们就发现，如果人这样利用灰雁对陌生环境的畏惧，下次他们干脆就拒绝离开欧伯甘斯尔巴赫了。“只此一次，下不为例”，他们似乎这样说。这是我们得到的第一个教训，它教会我们，人不可以让灰雁做不太愉快的事情，尤其是，人不可以让自己的孩子失望，如此残酷地让灰雁“失望”，就更是不可以的了。于是我们就学着用灰雁的速度和他们一起走路，避开让他们害怕的路，如果带他们走太密的灌木丛，或者在石路上走很远，灰雁柔软的脚就会感到疼。在灰雁喜欢的合适的地方，就是在那些有好吃的草地植物，容易到达水面，而且视野很开阔的地方，我们就停下来，休息很长时间。

在远足途中，一切都由我们收养的孩子们来支配，这一习惯使得我们的旅程走得越来越远。当他们真正会飞的时候，我们一致同意进行一次巨大的冒险：我们决定和他们一起进行一次远足，一直走到上游的阿尔姆湖。小雁们当时已经能时飞时走地跟着我们了，估计他们能够从阿尔姆湖飞回到欧伯甘斯尔巴赫。一路上，我们慢慢让他们习惯新的行进方式：在往上游走的路上我们总是走在他们前面一点，他们要想赶上我们，单凭走路是不可能的。此后我们就在上游一个离他们很远的地方呼唤他们，这时他们就低低地沿着阿尔姆河的水面向我们飞过来了（图107）。作为对这一成绩的奖励，他们总是可以获得较长的休息时间，还可以得到我在路边为他们采集的美味食物。

在那个值得回想的日子里，我们很早就从欧伯甘斯尔巴赫出发了（图108）。奇怪的是，对人来说，以灰雁的步速（每小时路程不超过两公里）走完较长一段路，是非常累

当我们沿着阿尔姆河散步时，灰雁就会贴着水面飞上一小段距离，然后降落，等我们跟上来。

107

如果人想带灰雁离开一个熟悉的地方，就必须“结队”动身，因为走进陌生地带总是意味着冒险。

108

在行军休息时，小雁好奇地啄着“母亲”那条经过处理的不成样的裤腿。

109

的。因而我们本来为了灰雁而安排的休息对我们自己来说也是非常美好的（图109、110、111）。在天气好的时候，这样的休整时间非常让人高兴，特别是时间较长的午休。按照野雁正常的作息安排，他们的洗澡时间几乎就在中午时分。此后他们要认真地清洁羽毛，重新上油。在他们进行这一重要活动时，除了粗暴的武力，什么都不会让他们离开原地的。这时，如果人类养父母试图改变自然赋予他们的时间表，硬要带它们走的话，即便最听话的小雁也会坚决拒绝顺从的。灰雁父母自然不会有这样的失礼行为，因为他们自己也刚刚洗过澡，需要整理羽毛。清洁过后，便是他们牢不可破的习惯，睡个长长的午觉。

灰雁的人类养父母比灰雁睡得还沉，喂养者们日出而作，日落而息。那时，他们的孩子们都已经沉沉地进入梦乡了。由于我的同事都还有别的工作要做，所以不可避免的是，随着时间的推移，他们缺觉越来越严重，必须睡个午觉

在漫游中，灰雁很喜欢做长长的休息。他们会把头伸进岸边的浅水里觅食，或者吃草，吃我们在路上采集的他们最爱吃的植物，例如木贼。

我们在路上采集它们特别喜欢吃的植物，例如苦苣菜，这样在休息时就可以用来喂灰雁。照片上是后来变得很有名的塞尔玛（中）和她两个月大的兄弟。

111

才能补回来。没有什么比人与动物共同午睡更惬意的了。小雁在入睡时发出的啁啾声是人类所能想象到的最美的催眠曲，野生动物和文明人类一起在野外休息，这情景几乎有些神圣。当天空突然出现一片乌云——这在阿尔姆山谷非常常见，一阵冰冷的雨水倾泻到休息者身上时，人们既清醒，又恼火。不过，对这场雨，鸟和人的反应截然不同。只有人会咒骂着醒过来，穿上雨衣，而灰雁却不必如此，他们可以安静地接着睡下去（图112）。

在这次以及以后的远行中，我们总是沿着阿尔姆河逆流而上，因为灰雁不喜欢那些近路，其中的原因前面也讲过。平坦的让灰雁觉得舒服的岸边小路常常忽而在河这边，忽而在河那边，所以我们不得不一次次涉水穿过湍急的小河。在水里，人很容易磕绊摔倒（图113）。我们非常理解灰雁的感受，所以当我们例外地为了抄近路，走森林大道，不管两旁的风景有多美，我们心里都会感到极不舒服（图114）。花色鲜艳的是毛地黄（Digitalis Grandiflora L. 图115），而装点河岸的则是朴素的花，如小阿尔卑斯漆苦草（Moehringia Ciliata 图116）和矮小的风铃草（Campanula Cochleariifolia 图117）。

当我们终于到达阿尔姆河的源头——阿尔姆湖时，人和灰雁都相当累了。我们的船就等在那里（图118），这个陌生

对人来说，中午在雨中休息可不是件高兴事，灰雁却不受什么影响。他们啄着“母亲”身上的雨衣，这是他们很爱做的一件事。背景中的一家灰雁已经睡着了。

112

在我们去阿尔姆湖的路上，我们不得不一次次横穿阿尔姆河。这并不那么容易，因为水流湍急，河床上的卵石非常大。我们中常有人扑倒在水里。如果天气温暖，这还不太严重；在天气不好的时候，要穿着湿衣服继续往前走就相当困难了。

113

如果我们选择远离水边的路，灰雁就非常警惕。他们不停地观察周围的动静，目标明确地快步朝阿尔姆河方向走。在这样的地方，哪怕是小小的一点惊吓也会使他们飞起来，然后，他们大多会回到欧伯甘斯尔巴赫，那样我们的全部努力也就付诸东流了。从照片上灰雁绷紧的颈部羽毛和伸得高高的脖子以及他们向旁边的森林投去的目光，就可以看出他们是高度警惕的。

114

当我们走在林中空地时，路旁盛开着黄色的毛地黄（Digitalis Grandiflora L.）。

115

小阿尔卑斯苦漆草（Moehringia Ciliata）在岸边或石子滩上蔓延。

116

小矮人似的风铃草（Campanula Cochleariifolia）在岸边草地上绽放。

117

当我们第一次到达阿尔姆湖时，灰雁们很高兴又看到一大片水域，与此同时，在新环境里也有些紧张。所以他们紧紧地跟着我们。

118

的东西最初引起了小灰雁的不信任；此外，他们也是头一次看到较宽阔的水面，所以非常害怕。像许多群居动物一样，在强烈的不安中，合群本能会战胜对陌生者的反感，图119中我们可以看到4家小灰雁（它们是由4个不同的喂养者带大的）紧紧地凑到了一起，而“在家里”我们的放养池塘上，他们却永远都不会这样做。

尽管他们的4个喂养者和我（他们熟识的“叔叔”）都

我们的小雁第一次看到湖。在此之前，他们还从未在这么大一片水面上游过泳，也从没进过这么深的水。最初他们感到有些害怕，因为湖水非常清澈，能看到水底的每一个细节。所以他们都凑在一起，在我们的小船旁边快速向前游着，脖子高高地伸着。

119

坐在里面逗引他们，灰雁们还是过了好一会儿才习惯这条船的。此后，他们就结成一群跟在船后（图120）。虽然他们已经很熟悉这条船，但直到今天，他们都只在船里坐着他们的朋友时才跟着它。如果里面有陌生人，他们就非常害怕，甚至比对陌生船只还害怕。那一天，我们带着他们来到长满莎草和泥炭藓的沼泽地上，就在湖的北端，环绕着出水口。

当灰雁认识了湖和船，他们就“以灰雁的行军速度”跟着我们游来或者从远处向我们飞过来。不过，他们只是见到我们的船时才会这样做，陌生的船只他们马上就会辨认出来并立刻躲开。

120

那里生长着异常美丽的小巧的食昆虫植物，茅膏草（Drosera Rotundifolia L.）。

在我们和灰雁去阿尔姆湖的第一次远足中，这些鸟已经逆流而上飞行了相当可观的路程。不过，如前面所说，他们还总是离水面很近。我们去阿尔姆湖的最后一段路要穿过茂密的森林，由于这一段河岸很陡，我们无法沿着岸边走。

当我们和灰雁终于到达阿尔姆湖时，已经是中午1点多了。我们是早晨7点从家里动身的，一共走了6个多小时。这使我们面临一个艰难的抉择。为了对灰雁的辛苦行军表示奖励，我们必须尽可能长地和他们待在他们喜欢的一个环境里。于是我们就在湖的北岸那个美丽的地方一直待到晚上（图121）。我们很清楚，通过模仿他们飞行时发出的声音和起飞动作可以让他们产生飞行的兴趣，然后我们就在他们前面不远处跑，促使他们飞起来。但我们不知道，他们是否会盘旋几圈后，就又落下来，而不是像我们所希望的那样，飞回他们通常睡觉的地方。如果鸟儿让我们的期待落空，我们就不得不再和他们一起顺流而下步行7个小时。当夜晚到来时，我们就要露营，和灰雁一起在野外睡觉。当时我的衣服已经湿透了，这样的前景实在让人顾虑重重。我已经在想是否该在万不得已的情况下以此为借口，不讲信义地丢下我的同事和我的灰雁不管。让人尴尬的反复算计的结果是：我们越晚要求灰雁起飞，他们就越可能进入入睡的氛围，直接寻找习惯的过夜地点。与此同时，随着时间的流逝，步行返回的可能就越来越让人难受。我们一直等到晚上5点半。在这个时间里，灰雁的飞行欲望总是很强烈，于是我们就开始举行

在阿尔姆湖的沼泽岛上，灰雁比我们人类舒服（他们喜欢在这里吃草，把头伸进水里觅食），因为在软软的泥炭藓上，我们每迈出一步，脚周围就会出现一个水坑，就是我们的充气垫也很快就湿透了

121

我们的飞行刺激仪式，这一仪式总是会使我们的观众兴奋起来的。我们的灰雁立即做出反应，绕湖飞行一周，我们不安地看着他们在我们头上飞过，不敢发出任何声音，以免再把他们吸引到我们这里。接着他们又绕湖飞了一圈。当他们第二次从我们头上飞过时，他们已经上升到了一定高度，我们如释重负却又紧张不安地看着雁群顺流而下，消失在山后。

在我们池塘边的小木屋旁边坐着几个同事。我们把他们留在那里等待雁群，却不能告诉他们，我们什么时候能让灰雁从阿尔姆湖起飞。这些人怀着极大的喜悦看着我们的小雁群准时出现在高空中，沿着山谷飞过来（图122），迅速下降，最后目标明确、坚定不移地落在我们的小木屋边（图123）。过了如此辛苦的一天，所有灰雁都很快就睡着了。在图中这只灰雁身上，我们可以特别清楚地区分开青春羽衣中那些老的、浅色的尖羽毛（当初这些羽毛尖上还顶着最后一批绒毛呢）和成年羽衣那些新的、深色的更多彼此交叉的羽毛（图124）。

在北阿尔卑斯山的山谷里，夏末也许是最美的季节，此时阳光明媚的日子比哪个季节都多。一些花朵的开放也让人忘记秋天已经临近。柳叶龙胆（Gentiana Asclepiadea 图125）和沼泽飞廉（Cirsium Pallustre L. 图126）盛开了。在晴朗的9月里，这里的风景看起来完全像夏天一样（图127）。但灰雁却让喂养者们担起心来：他们的飞行欲望加强

灰雁在高空中从阿尔姆湖飞到欧伯甘斯尔巴赫。在他们达到我们池塘的上空时便发出遥远的呼唤，停止拍动翅膀，在滑翔中接近我们。

122

他们在我们头上盘旋几次，然后落在我们的小木屋旁边。

123

在这只小雁身上，我们可以清楚地看出青春羽衣和成年鸟的羽毛的区别：在浅色的尖尖的雏羽的末端还有黄色的绒毛；那些深色的带浅边的钝头羽毛则是后生羽。

124

夏末时节，稀疏的森林里盛开着柳叶龙胆（Gentiana asclepiadea）。

125

当小雁完全会飞时，一人来高的沼泽飞廉（Cirsium Pallustre L.）也开了。

126

阿尔姆湖在温暖晴朗的夏末秋初特别美。朝雾散去时，水平如镜的绿色湖面仰望着阳光灿烂的蔚蓝的天空。只有山顶还飘荡着薄薄的一层典型的焚风云。

127

秋日的傍晚，灰雁从奥英格庄园飞到他们在阿尔姆湖睡觉的地方。休息之前，他们还在岸边的沼泽地上觅食。

128

秋天里，槭树叶变成闪亮的黄色。

129

朝露闪闪发光地挂在蜘蛛网上。

130

了，由于我们不能和他们一起飞，有时就只好孤独而担忧地站在那里。当早晨山上突然披满了雪（图128），秋叶变成黄色（图129），巨大的轮蛛的网上每天早晨都挂满露珠（图130）时，我们的野雁就陷入了巨大的骚动。我们也变得不安起来，尽管根据经验我们知道，他们不会真的飞走，而且如果有几只迷了路，也可能会在哪一天飞回来。很少有什么能像一只长期走失的灰雁的回归那样让我们高兴。我们满怀信心地希望，亲手驯养的灰雁能和纽西德勒的灰雁群建立联系，这样雁群能从他们那里继承这一物种习惯的迁徙传统，踏上飞往多瑙河三角洲的旅程。我们很清楚迁徙之路对灰雁来说有多危险，但如果我们的雁群具备和自然的野生同类一样的迁徙行为，这将令人欣慰。于是我们就怀着复杂的心情站在地面上，看着心爱的灰雁唱着嘹亮的远行之歌在空中飞过。

这时我就会想起一段往事，尽管我已经快70岁了，这一记忆却没有被磨灭。我清楚地记得，当时我还没上学，也不会看书。一次，在去多瑙河谷散步时，我不顾紧张的妈妈和比她还要紧张的姑姑海德维希的阻拦，跑到了她们前面，站在多瑙河旁边的一小片林中的空地上。这时，我听到空中响起一种独特的金属般的叫声，接着看到天空中一群野雁正沿着多瑙河向下游飞去。人的情感发育得很早，而且一生都不会改变，直到今天，我还能准确地感到我儿时所感觉到的东西。我不知道这些鸟往哪里飞，但我想和他们一起走。一种对漫游人自然的完全浪漫的渴望在我心中油然而起，这感觉令人心旷神怡，又让人心碎、感伤。我明确地记得，当时，在我一生中头一次感到一种难以遏制的、要把我的情感通过艺术表达出来的冲动。对当时那个年龄来说，我在绘画上是相当有天赋的，我母亲也尽一切努力发展我的这份天赋；我随时都可以使用一块大黑板、彩色粉笔、无数张纸和用一个大饼干盒装着的分好类的彩色铅笔。有了上述经历之后，我就开始画灰雁——当时我就有了一个痛苦的经验：在艺术中，当过于热情的情感力量和能力的大小过于不成比例的时候，拙劣作品就会经常出现。

有这样一位女诗人，她的艺术能够表达出候鸟的浪漫，她能以高度的技巧描述它们受到威胁的英雄般的生活——这就是塞尔玛·拉格洛芙（Selma Lagerloef）。在那次令我激动的经历之后，我知道了她的书《尼尔斯骑鹅旅行记》（*Die Reise Des Kleinen Nils Holgersson Mit Den Wildgaensen*）。最初，我一点儿都不想看这本书，因为我活跃的想象力对这一题目做出了这样的分析，即尼尔斯·霍尔格逊是带着笼子里的野雁坐火车旅行的。我预见到，这些野雁然后就会被杀掉，这我在父母家里已经见过了。最后我终于说服自己，塞尔玛·拉格洛芙的作品里不会有这样的事。于是我就听人给我读了这本书，这一事实使我能够记住那些事件所发生的时间，因为我在上学之前很早就会看书了。所以这一切肯定都发生在1909年以前。

所有这些童年的浪漫对我来说都和灰雁的迁徙时间分不

在狂风乱卷的日子里，漫游的本性在我们的灰雁心中苏醒。他们在阴云密布的秋日的天空中数小时之久地飞越一座座高山，最后却总是飞回到我们身边。在这样遥远的飞行中，他们便会组成典型的三角形。

131

秋天里，雁群从欧伯甘斯尔巴赫迁到位于研究站楼前的阿尔姆河石子滩上。起初他们还有些不安，不敢马上落下来。于是我们就在他们前面跑，然后迅速下蹲，敦促他们降落。

132

灰雁在蓝色的秋空中高高地飞过。

133

开；当我看到我们的野雁高高地在空中飞过时，这些记忆就苏醒了（图131）。当我向他们发出呼唤，他们就令人惊异地向我飞下来时，童年时代的梦就变成了现实（图132）。在这张照片上，西比勒·卡拉斯正通过迅速下蹲诱使灰雁在某个地方降落。当灰雁在天空中高高飞翔时，我们所看到的灰雁就是图133中所展示的那样；相反，他们所看到的我们的房子和我们从一座高山上俯视时不会有太大的区别（图134）。我们在他们眼里一定很小，而且即便声音能从低空很好地传到

我们从对面的卡斯山看我们的研究站大概就像灰雁在空中飞过时看它一样。在这幅照片中可以看到有着石子滩的阿尔姆河，灰雁通常都在石子滩上降落。

134

高空，我们的声音在到达他们耳中时一定已相当微弱。这两种情况的对比总是使我意识到，和野鸟的这种亲密关系真似一个奇迹。刚刚我们还看见他们在云层中飞，很快他们就离我们这么近，跟我们这样亲密了。出于对这一亲密接近的单纯的喜悦，西比勒拍下了像图135、136、137这样的照片，而之所以拍摄图137更是因为有趣。

现在，当灰雁做远途飞行时，总是有几只鸟不知去向。这使人意识到，候鸟的生活真的很危险；我们不知道他们是

在接触地面前，灰雁把双脚向前伸，翅膀用力地拍击着来减速。

135

每次看到灰雁高高地在空中飞来，在我们头上盘旋，然后有力地拍击翅膀落在我们身边，都是一次特别的经历。

136

在美好的秋日里，我们和灰雁（中午时分他们都围在我们身边）一起享受最后几丝温暖的阳光。阿尔玛的双腿构成了一个富有尊严的框，框里是我们的研究站。

137

有意跟着陌生的雁群飞走了，还是不小心迷了路（这种可能性更大些）。无论如何，我们总是带着一丝不安看着雁群在高空中消失，他们的叫声也随之远去，直到一点也听不到。

秋天的迁徙时节不仅会带来损失，而且也常常会带来让人高兴的重逢。前面已经讲过，我们等待着那些在外面孵卵的灰雁夫妻回来。当他们秋天里回到我们的阿尔姆山谷时，他们也会带来自己的孩子。我们紧张地看着这些后代是否能跟在我们这里出生的灰雁交配，然后留在这里。图138中是在巴伐利亚孵卵的伊克斯一家于1976年秋天到达我们这里的情景。

至于走失的灰雁被人用火车快件寄回到我们身边的故事，虽然有些不那么富有诗意，从某些角度来看却特别感人。秋天常有这样的事，从小被人养大的驯顺的灰雁一旦走失，就会到陌生人家里寻求庇护，拉多夫采尔的鸟类研究所

在10月份一个狂风大作的日子里，伊克斯和拉契尼带着他们在西姆湖孵出的孩子在阿尔姆河畔降落。他们犹疑而警惕地走过来，经过长时间的察看，他们才放松地嘎嘎叫起来，吃撒在地上的谷粒。

138

知道后就会把情况告诉我们。科撒沃和法伦丁兄弟俩的事特别让人激动，他们俩是布里吉特·基尔希迈耶1973年在西维森的马普研究所养大的。他们来到了兰茨胡特附近的一些善良人家里，这些人把这一情况告诉了我们。我们回信说，如果可能的话，希望他们能把他们抓住，用火车快件寄回西维森的研究所，有机会我们到那里去取他们。但我们忘记了告诉那些友好的人，如果要抓住两只灰雁，就必须同时对他们俩下手。人无须费力就可以把一只温顺的灰雁抓住带走，但另一只却受到了警告，那就肯定是抓不到的了。兰茨胡特的朋友们果真只捉到了科撒沃，他们把他关在箱子里，寄到施塔恩贝格。法伦丁却消失了，但装着科撒沃的箱子还没到施塔恩贝格，西维森研究所的人还没有得到有关消息时，法伦丁就回到了欧伯甘斯尔巴赫，除了有些疲倦以外，别的情况都极好。他完全没有失去方向感！当他的兄弟消失时，他感到这个地方变得可怕起来，于是就决定飞回家了。

事实证明，把丢失在外的灰雁带回家是值得的，即便要费些力气，也要付出金钱。这些在外面大多经历了让他们感到可怕的事情的灰雁在被人带回来以后，常常表现得跟我们特别亲密，也非常忠于自己的家乡——人会说这是一种感激之情。当西比勒又一次到离我们最近的火车站的特快货物窗口领取包裹时，她听到了响亮的呼叫声和表示问候的嘎嘎声——箱子里的灰雁已经听出了她的声音。

那些在外面孵卵的灰雁总是要飞行几百公里从他们的孵卵地回到阿尔姆山谷，而那些忠于出生地的大鸟却只飞行几公里，因为他们只是从欧伯甘斯尔巴赫飞到奥英格庄园。前面说过，有时在灰雁喂养者还没从小木屋搬到研究所大楼里之前，他们就飞来了。而喂养者也很高兴接受这个搬迁的建议，因为这时天已经相当冷了。

秋天过去，冬天又到了，遗憾的是，阿尔姆山谷的冬天常常来得比我们所希望的早。当雪层变厚时，尚在研究所大

冬天里，雁群团结紧密，似乎忘记了过去的许多竞争和敌意。

139

直到黄昏时分，灰雁都待在我们研究站的喂食空地上，接着，他们会突然结队起飞，在雾气中贴着水面飞去。

140

楼周围草地上逗留的灰雁就会离开这里，大多到阿尔姆河边的沙滩上去，并在那里得到我们为之准备的食物（图139、140）。他们变得安静起来，躁动的时节已经过去，他们的生活已经没有太多要观察的了。尽管如此，我们仍然尽可能和他们一起度过更多时间，以保持我们之间的亲密感；尽管我们穿着最温暖的衣服，还是比我们的灰雁感到更冷。他们那一身虽然透气，却防水、防寒的羽毛的隔离作用真让人惊羡。

阿尔姆河的沙岸不会给灰雁足够的保护，使他们免受狐狸的侵袭，所以天一黑，我们的灰雁就要飞走，到上游的阿尔姆湖过夜，那里的湖水不会冻结。天一亮，他们就又沿着山谷飞行8公里返回，因为他们在飞行中始终保持起飞地所处的海拔高度，所以在到达我们这里时，他们仍处于相当高的高度，这时他们就会高速地直飞而下。在严寒中，他们很少活动，常常站在沙岸上总是相对暖和些的阿尔姆河水里，好让自己的脚更加温暖（图141）。

我不想生活在一个四季没有明显差别的地方。当一个人就像我们这样在和大自然及其生物一起密切度过一个又一个季节时，他就会学会爱每一个季节了。阿尔姆山谷寒冷而晴朗的冬日多么美啊，山上的阳光、山谷里的阴影和水面上的雾气都那么迷人。当我们在依然昏暗朦胧的山谷中，透过雾

在寒风刺骨的冬日里，灰雁站在浅水里温暖自己的双脚。从水面升起的雾气在岸边的树上结成白霜。

雪还没化，但却一天比一天少了，白霜早就没有了。一阵阵温暖的焚风从图特山吹进整个山谷。

142

黄绿色的金腰子（Chrysoplenium oppositifolium L.）在溪边和潮湿的地方开放。它们是早春的第一个信使。

143

雪一化，雪片莲（Leucojum vernum L.）便在阿尔姆湖畔潮湿的小桤树林里绽放。

144

层的一个缺口，看着灰雁高高地飞行，身上披着朝阳斜斜的光束；当灰雁冲破雾气，在雾层下面出现，落在沙岸上，扇动的翅膀把岸上厚厚的积雪搅得四散飞起，那情景多么扣人心弦啊！

这时天气还很寒冷，但白天时间开始变长了，阳光渐渐强烈，灰雁也变得活跃起来。秋天是悄无声息地来到阿尔姆山谷的，但春天却常常是戏剧性地突然而至。一天夜里，焚风天气出现（图142），南风呼啸着越过图特山扑进山谷，大雪开始融化，当地面露出一块块土地时，第一批春花绽放了，如金腰子（Chrysosplenium oppositifolium L. 图143）和大雪花莲（Leucojum vernum L. 图 144）。对灰雁来说，不安的时节，爱与嫉妒的时节又开始了，对人类观察者来说，一个不安而累人的时节也开始了。现在我们要观察、记录的东西就多得让人忙不过来了。不过，随之而来的还有希望。是的，现在是即将看到灰雁社会结构大变动、更换伴侣或者别的什么对社会学研究非常有趣的事件的时候了。现在，研究者要早早起床，长时间地待在一个岗位上，因为根据经验，大多数对我们的研究很重要的事件都发生在冬春之交。这一时节给我们带来新事件的希望，也带来了许多新的灰雁之家。

跋

在序言中，我已经说过，在这本书里，我并没有试图科学地叙述、连贯地介绍灰雁的生活，那应该是另外一种完全不同的作品，一部较大型的专题著作的任务。我在这里所作的描述只是对西比勒·卡拉斯和克劳斯·卡拉斯拍摄的照片的解释，只是报告一下这些照片是如何产生的。这本书所包含的真正故事是由这些照片自己讲述的。那么这一故事的读者该是谁呢？我们又该相信谁，希望谁接受它并理解其中包含的信息呢？

今天，大自然对文明的人类中太大一部分人来说是完全陌生的。大多数人在日常生活中只和没有生命的、人造的东西打交道，他们已经忘记该如何理解有生命的生物，如何和它们打交道，从而导致整个人类如此无情地摧残生机勃勃的大自然。然而与此同时，人类也生活在大自然中，靠大自然生活。重新建立人和地球上其他生物的联系是一个崇高而重要的任务，因为这一任务能否成功完成将最终决定人类是否会和地球上所有其他生物一起走向毁灭。

人类整天工作，普遍身受“压力”之苦，很少喜欢阅读极具警告性、其正确性亦无可辩驳的书籍。而它们的作者则都在书中发出了警告的声音：拉赫尔·卡尔松（Rachel Carson）、阿尔杜斯·休克莱（Aldous Huxley），迈都小组（Das Meadows’ team），《被掠夺一空的星球》（*Ein Planet Wird Gepluendert*，*Gruhl*）的作者格鲁尔和其他许多人。人们不想在下班后听劝人忏悔的布道，节约能源、少用汽油甚至减少浪费之类的敦促是不受欢迎的。遗憾的是，人向来就觉得被要求去做好事是个负担。只有在他疲倦的时候，他才容易接受美的东西。正如药剂师给苦药粒包上冰糖，我们或许也可以通过向他们介绍美的东西，唤起那些疏离自然、劳累过度的人对善、对保护有生命的大自然的认识。

我们相信，灰雁是最适合向城市居民中广大读者传递这一呼吁的信使。在我们比较熟悉的多种动物中，只有一种动物的行为比灰雁更让人感兴趣——那就是狗。我父亲，一个狂热的爱狗者，对灰雁给予了高度认可。他说：“除了狗以外，灰雁是最适合和人类打交道的动物。”他所指的自然是所有野雁，我父亲只知道这一种灰雁。灰雁的家庭和社会生活与人有着大量惊人的相似之处。您不要以为我们这样做是错误地把动物“人格化”，我们非常彻底、非常系统地学习过不要这样做的道理。但出于论证充分的认知理论考虑，我们坚信，较高级的动物拥有主观经验，它们对欢乐和痛苦的体验和人类没有太大区别。当我旅行归来时，我的狗兴奋得无法控制。我还没下车，它们就来挠车门上的漆，然后几乎要把我的衣服从身上拽下来，我知道，它们为我的归来感到高兴，这和我见到一个好久没见的朋友没有太大区别。我再进一步说：如果谁虽然认识狗，也和狗一起生活过，却不曾体会狗的喜悦，那他一定不是一个正常人，我几乎怀疑他是否有能力体会周围人的感受。

或许这本书通过直观的图片（它们是真正的资料）能够让读者认识到，不仅我这里用作例证的狗——因为大多数人都知道它，而且还有别的生物也拥有高度发展的家庭和社会生活，它们会高兴，会悲痛，会爱和依恋，也会长期保持真正的友谊。我们希望，这一认识能够呼唤有感情的人保护大自然和它的动物。

我绝对不会从道德角度去观察动物，把它们引为人的榜样，像伊索和拉·封丹所做的那样。“树上的乌鸦大师”总是让我感到生气，因为寓言里那个愚蠢的家伙会为了发出叫声而让奶酪掉下去，而真正的乌鸦是永远都不会这样做的。它舌头下面有一个相当大的喉囊。当它出于某种原因不得不张开嘴时，可以把东西放在那里；如果东西太大，它就用爪抓着。在我6岁必须背诗的时候，我就清楚地知道这些了——今天我依然记得！

动物没有负责任的道德。它们所做的一切都是出于自然的兴趣，绝不是因为它们预见到了它们的行为可能会伤害它们的家庭和群体。它们的自然兴趣生来就使它们常常做好事（除了极为罕见的例外），也会让它们有一种颇有预见性的责任感。它们不需要负责任的道德，因为在它们的自然生存空间中，自然兴趣总是建议它们去做正确的事情。在我们人类身上，这种自然兴趣也起着不少这样的作用！例如，责任的考虑使许多文明人不能像自然兴趣告诉他们的那样对待自己的孩子：当他们可爱的时候，无所拘束地拥抱亲吻他们，当他们的确很讨厌，就是爱他们的父母也会想轻轻给他们一个耳光时，就真的那么去做。这里我还根本没谈到那些所谓反权威教育的犯罪一样的胡言乱语呢。另外一个问题（这里负责任的道德也向我们文明人做出了错误建议）便是我们的工作速度。勤奋肯定是美德，这就像懒惰就是恶习一样确定无疑，但如果负责任的道德要求我们做超出能力的工作，而不顾我们的健康时，这种勤奋就像其他任何过度行为一样变成了有害的恶习。

灰雁能够以拉·封丹的方式教会人类：如何放松自己，如何休息。我已经说过，小雁的休息和入睡声音是最美、最有效的催眠曲，这一点我很清楚。这种野鸟的睡眠很轻，它们警觉的感官也非常清醒，尤其是它们灵敏的听觉，就是在沉睡中也一样。尽管如此，它们仍能完全放松地入睡，而人类大多只有在孩提时代能够这样。让这些形象地展示这一切的图片来为本书画上一个句号吧！

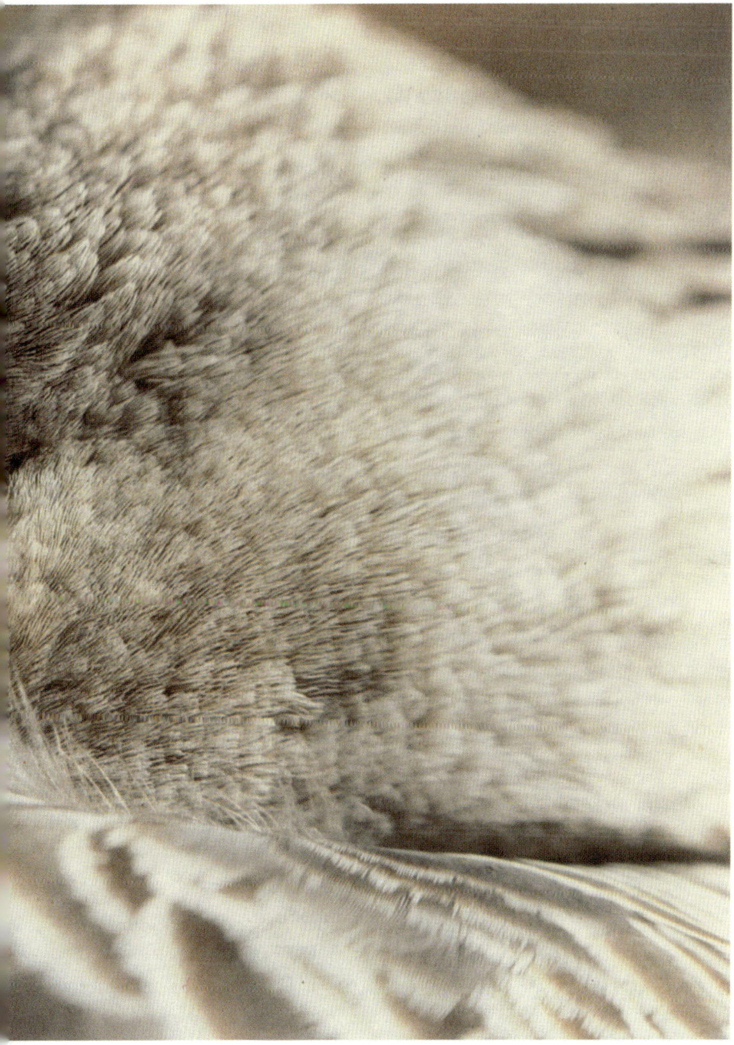

图书在版编目（CIP）数据

灰雁的四季 /（奥）洛伦茨著；姜丽译.
-- 北京：中信出版社，2012.11（2024.7 重印）
书名原文：Das Jahr der Graugans: Mit 147 Farbfotos von Sybille und Klaus Kalas
ISBN 978-7-5086-3587-3

Ⅰ.①灰… Ⅱ.①洛…②姜… Ⅲ.①雁形目－普及读物 Ⅳ.①Q959.7–49

中国版本图书馆CIP数据核字（2012）第233396号

Das Jahr der Graugans: Mit 147 Farbfotos von Sybille und Klaus Kalas
Author: Konrad Lorenz
Title: Das Jahr der Graugans

Title der franzosischen Originalausgabe: L'annee de l'oie cendree, Edtions Stock, Paris 1978

灰雁的四季

著　　者：[奥]康拉德·洛伦茨
译　　者：姜　丽
出版发行：中信出版集团股份有限公司
（北京市朝阳区东三环北路 27 号嘉铭中心　邮编　100020）
承 印 者：北京通州皇家印刷厂

开　　本：787mm×1092mm　1/32　　印　　张：7.25　　字　　数：49 千字
版　　次：2012 年 11 月第 1 版　　印　　次：2024 年 7 月第12次印刷
京权图字：01–2009–6374
书　　号：ISBN 978–7–5086–3587–3
定　　价：42.00 元